写真集 アメリカの戦闘機

AMERICAN FIGHTERS

野原茂［責任編集］

光人社

当時のオリジナルカラー写真で見る アメリカ陸海軍戦闘機

メディア媒体すべてがカラー化されている今日の感覚では、なかなか想像できにくいが、第二次大戦当時は、映画、写真、出版物などのほとんどがモノクロだった。もちろん、カラー・フィルムは存在したのだが、まだ〝発明〟されてから何年もたっておらず、きわめて高価であり、一般にはほとんど普及していなかった。これは、物の豊富なアメリカといえども例外ではなかった。

ただ、日本とは違って、陸、海軍、兵器メーカーなどが、この高価なカラー・フィルムを使い、主に公報目的に写真を撮っていて、航空機にかぎっても、〝リッチな兵士〟のプライベート写真をふくめると、かなりの数が残されている。

当写真集『ドイツの戦闘機』でも記述したが、これらのカラー写真は、現代の水準からすれば、発色、鮮明度が〝イマイチ〟であるが、モノクロ写真では味わうことのできない、色感的リアルさを提供してくれる。以下は、これらの中から、比較的グレードの高いカットをピックアップしたものである。

↑ さながら、水上艦船の〝満艦飾〟よろしく、機体全面に使用国の国籍標識を散りばめた、〝究極のカラフル・マーキング〟のP-40N。もちろん、こんな姿で実戦に出たわけではなく、カーチス社が、本機のベストセラーぶりを誇示するために仕組んだ、メモリアル・イベントの際の特別塗装である。ちなみに、このP-40Nが、カーチス社にとって通算15,000機目の生産機（P-40じたいの総生産数は13,738機）ということである。

photos : NASM, Lockheed, U. S. Air Force, U. S. Navy, Grumman, National Archives

→ P-38J-5をしたがえて、アメリカ大陸西部の山岳地帯上空を飛行する、偵察機型のF-5B-1（手前）。F-5は、P-38の機首武装を廃止し、かわりにカメラ3〜5台を備えていた。機体塗装は、P-38と異なり、高々度での視認度を低くするため、全面をダークブルーに塗っている。

↓ 1944年5月、P-38として通算5,000機目の生産機となったことを記念し、全面を光沢のある赤1色に塗ったJ-20。機首横には"YIPPEE"（ヤッホーとかの意）と記入されている。戦争中に、このようなイベントを行なうことじたい、アメリカの余裕を示す何よりの証拠であろう。

↓　増槽を懸吊して飛行する、カーチスP-40E。アメリカの国籍標識を記入しながら、機体塗装がイギリス空軍仕様になっており、奇異に感じられると思う。じつは、本機はレンド・リース（武器貸与法）に基づき、多数が連合国に供与されており、E型も1,500機がレンドリース用として生産された。写真の機は、イギリス空軍向けの機体を、アメリカ陸軍航空隊が引き取ったための現象である。

↑　1941年はじめ、ニューヨーク州・バッファローの凍てついたベル社工場エプロンで、エンジン試運転中のP-39。右手前に同社テスト・パイロット２人を配した、いかにも公報用写真らしい構図である。手前の迷彩機はC型、奥の無塗装機はD型と思われる。

↓ 1943年、アメリカ本土南部の陸軍航空隊訓練基地に並んだ、P-51A群。のちに、第二次大戦の最優秀戦闘機と評価される本機も、“アリソン”エンジン搭載の初期生産型は性能的にパッとせず、写真のP-51Aのように、訓練部隊に配転され、練習機として使われる機体も多かった。

↑ 夏の強い陽射しの下、ジュラルミン鈑の地肌を輝かせながら、飛行場に並ぶP-47D群。超ヘビー級の単発戦闘機にもかかわらず、その本機が陸軍戦闘機史上最多の生産数（計15,683機）を記録したというところに、アメリカの工業力の凄さが示されている。まさに、連合軍にとっての“兵器廠”そのものであった。

↓ 1944年９月、連合軍のフランス解放にともない、同地に進出した第９航空軍隷下、第425夜間戦闘飛行隊所属のＰ-61Ａ。ヨーロッパ戦域に展開したＰ-61部隊は、写真の425NFSと422NFSの２個飛行隊だけで、就役が遅かったこともあり、華々しい戦果を挙げるまでには至らなかった。

↑ 1944年夏、雲海上をドイツ本土めざして進攻する、アメリカ陸軍航空隊・第８航空軍隷下、第361戦闘航空群所属のＰ-51Ｄ編隊（最下方の機体のみＰ-51Ｂ）。四発重爆の全行程に随伴できる本機の登場により、ドイツ防空戦闘機隊の活動は大幅に制限され、ヨーロッパ航空戦の帰趨は、ほぼ決した感があった。

↑　太平洋戦争が勃発する数カ月前、全面ライトグレイの低視認度塗装を施して編隊飛行する、第５戦闘飛行隊のＦ４Ｆ-３Ａ。日本海軍機動部隊機によるハワイ・真珠湾攻撃が行なわれたとき、アメリカ海軍、海兵隊が保有していたＦ４Ｆはわずか298機にとどまり、零戦の約500機に対し、数の面でも劣勢だった。

↑ 重厚な城郭を連想させる、航空母艦『ヨークタウン』（CV-10）の艦橋脇の飛行甲板上で、発艦に備えて待機する、第５戦闘飛行隊所属のＦ６Ｆ-３。1943年10月ごろの撮影と推定され、当時、Ｆ６Ｆは太平洋戦域にて実戦デビューして日が浅かったが、しだいに日本海軍の零戦を圧倒していき、1944年に入るころには、中部太平洋の制空権を掌握する。

→ ニューヨーク州ロングアイランドに所在した、グラマン社ベスペイジ工場内にて、続々と完成するＦ４Ｆ-４群。太平洋戦争当初こそ、準備不足で各社航空機の生産ペースが鈍かったものの、いったんこれが軌道に乗ったあとのアメリカは、工業界の底力を発揮し、Ｆ４Ｆも、最終的に7,251機もの多数がつくられた。写真の左手前機のみ、イギリス海軍向けのマートレットⅣ。

↓ 航空母艦『ボクサー』(CVA-21)から滑走発艦する、第44戦闘飛行隊所属のF4U-4。1953年6月、朝鮮戦争休戦直前の撮影で、ジェット機全盛の当時、なおも第一線機として本機が通用し得たのは、その大きな搭載量、いうなれば汎用性であった。高性能ではあったが、汎用性がなく、朝鮮戦争前にはやばやと第一線を退いたF8Fとは好対照である。

↑ 1943年12月、占領したばかりのソロモン諸島ブーゲンビル島・トロキナに設けられた、急造飛行場から出撃する、海兵隊所属のF4U-1A。艦上戦闘機として開発されながら、特性上の都合により海兵隊用の陸上戦闘機として使われた本機だが、ソロモンの戦いでは、島伝いの反攻作戦に重要な貢献をした。

陸軍戦闘機

Army Fighters

P-51Dマスタング

セバスキーP-35

↓　第94追撃飛行隊に配属されたP-35。1935年当時といえば、ちょうど複葉羽布張り構造から全金属製単葉型式に移行する、いわば過渡期にあり、P-35は、それなりに時代に先行していたといえる。ただ、1,000hp級エンジンを搭載しているわりに、最高速度は450km/hと低く、空気力学的に、設計のほうは〝イマイチ〟という感じだった。なお、P-35の生産数は計77機である。

↑　ロシア革命を逃れて、アメリカに亡命した2人のロシア人、アレクサンダー・セバスキーと、アレクサンダー・カルトベリが設立したセバスキー航空機会社が、苦難の末、1935年度の陸軍次期戦闘機競争審査に勝利し、初めて量産受注した機体、それがP-35であった。写真は、生産1号機だが武装は未装備。後方引込式の主車輪を覆う、主翼下面の巨大なカバーがご愛嬌。

↑← P-35は、スウェーデン空軍からも計120機発注をうけ、EP-1の輸出名称により、1939年～40年にかけて引き渡された。ただし、実際には半数しか送られず、残り60機はP-35Aの名称でアメリカ陸軍航空隊に引き取られ、うち48機が、日・米開戦に備えてフィリピンに送られた。しかし、これらの大部分は、開戦2日目までに日本海軍の零戦、一式陸攻の攻撃をうけて壊滅してしまい、P-35の戦歴はわずか数日間で終わった。

← EP-1につづき、スウェーデン空軍が52機発注した複座型の2PA-204Aは、第二次大戦の勃発により、結局2機だけが引き渡されたのみで、残り50機はアメリカ陸軍航空隊が引き取り、AT-12の名称を付与された。写真は、胴体、主翼下面に爆弾を懸吊し、軽攻撃機としての性能をデモっているが、実際には射撃訓練機として使われたのみにとどまった。

Curtiss P-36 Hawk

カーチスP-36〝ホーク〟

↑　1920年代から陸軍主力戦闘機のメーカーとして君臨してきたカーチス社が、1930年代に入り、従来の複葉羽布張り構造から脱却し、近代的な全金属製単葉引込脚の戦闘機として、意欲的に自主開発したのが、社内名称H-75であった。1935年度の競争審査では、エンジンの不調などもあって、セバスキーP-35に敗れたが、機体設計面では明らかに勝っていたため、1936年7月に、陸軍から実用試験機としてY1P-36の名称で3機発注され、テストの結果、制式採用を勝ち取った。写真は、そのY1P-36の1機。

↓　1938年4月から引き渡しが開始された、生産型P-36A。引込式主脚は、P-35と同様に後方に引き上げる方式だが、車輪を90度回転して水平に収納するため、主翼下面に突出せず、一日の長があった。

↑ 第35追撃航空群第77追撃飛行隊に配備されたP-36A。本機の最高速度は500km/h、高度4,500mまでの上昇時間約5分で、1938年就役の戦闘機としては悪くない性能である。発注機数210機は、単一機種としては陸軍航空隊創設以来の多さであった。

← 将来の戦争加入を予測し、それまで無塗装が標準だった陸軍航空隊機も、1938年ごろには迷彩塗装の導入を検討し、演習の際などにテストした。写真は、1939年度の演習に参加した、第27追撃飛行隊所属P-36Aの迷彩。上面を白、グリーン、オレンジの3色に塗り分けている。

← 最終的に、陸軍航空隊機の制式迷彩にきまった、上面オリーブドラブ／下面ニュートラルグレイ塗装に身を包んだP-36C。太平洋戦争開戦当時、ハワイに2個飛行隊のP-36が配備されており、真珠湾攻撃に来襲した日本海軍機を4機が迎撃し、2機撃墜を報じたが、他はほとんど地上において破壊されてしまった。

Lockheed P-38 Lightning

ロッキードP-38〝ライトニング〟

↑　最高速度400mph（648km/h）を超える高々度迎撃戦闘機という、派手なフレ込みで開発された、P-38の原型１号機XP-38。双発双胴形態のラディカルさもさることながら、ナセル、中央胴体を極限まで絞り込み、空気抵抗減少に腐心した設計スタッフの意気込みが感じられるスタイルである。本機は、初飛行直後の1939年２月11日、大陸横断記録飛行に挑み、最大対地速度420mph（680km/h）という、驚異的高速を示し、ただちに生産発注を得る。

↓　第二次大戦勃発により、それまで少数生産にとどまっていたP-38にとって、最初の多数生産型、かつ最初の実戦参加型となったP-38E。1941年11月以降、計210機つくられ、1942年８月４日、第52戦闘飛行隊所属のスターン・ロング少尉機が、アリューシャン列島上空にて日本海軍の九七式飛行艇を撃墜し、第二次大戦におけるP-38の初戦果を記録した。

↑　アメリカ本土上空にて訓練飛行する、P-38E（手前より1、2、4機目）、およびF（同3機目）の混成編隊。第二次大戦が始まってみると、P-38が当初に狙った高々度迎撃戦闘機として働ける場面はほとんどなく、その航続性能を生かした長距離戦闘機、さらには戦闘爆撃機としての運用が定着してゆく。

←　地上の風景と見事なコントラストをみせる、飛行中のP-38Fの機首付近。双発双胴のラディカルな形態が実感として把握できる。機首武装の強力さもP-38の長所で、20㎜機関砲×1、12.7㎜機銃×4の一斉射撃を喰らうと、日本機などはひとたまりもなく木端微塵になってしまう。

山本長官機を撃墜したP-38の大殊勲

渡辺茂夫

P-38の強味は、急降下時の加速性と高速性能にあった。うしろから日本の戦闘機に追尾されると、まず例外なく旋回戦闘をさけていったんダイブにはいり、その加速性にモノをいわせて離脱をはかり、ふたたび急上昇して優位な態勢をとって、戦いをいどんでくることが多かったといわれる。

図体が大きいだけに、どうしても軽快な運動性に弱点があったが、この弱点は単機戦闘をさけて、つねに編隊による各機の相互支援をフルに生かしたロッテ戦法を採用することでカバーされた。

一方、対爆撃機戦闘には、その重武装と高速突進時の機体の安定性のため、命中精度もよく大きな戦果をあげた。

大戦中期以後は、主として戦闘爆撃機として活躍した。とくにインド方面に配属されたライトニングは、翼下面に一二七ミリのロケット弾を搭載して、ビルマ戦線の日本軍の飛行場攻撃や補給路上のトラック攻撃に戦功をあげた。

またフィリピンの基地から出撃して、輸送機や爆撃機などの低速機に、高々度からゲリラ攻撃をくわえるなど、多彩な活躍ぶりであった。

日本の戦闘機パイロットからみたP-38は、その運動性の欠如のためか、もし相手が単機の場合、その行動を監視していれば、絶対まけないという自信があったという。

反対にP-38を攻撃するときは、雲の上から、ま

↓　ロッキード社・バーバンク工場に近い、カリフォルニア州の山岳地帯上空を飛行する、P-38H-5 S/N42-67079。H型は、エンジンをアリソンV-1710-89/91（1,425hp）に換装し、全般性能向上をはかったタイプで、1943年3月以降、計601機つくられた。つぎのJ型以降は、ナセルの下面に“アゴ”が張り出す、いわゆる“Chin Lightning”となったので、原型機以来の細いナセルをもつ生産型は、このH型が最後である。ちなみに、日本海軍の山本五十六司令長官機を撃墜したのは、このH型のまえの生産型P-38Gである。

た太陽の方向から奇襲攻撃をかけ、相手の気づかぬうちに射撃距離に肉迫しないと、なかなか撃墜できないといわれたものである。

また、その特異な双胴型式のため、せっかく肉迫して射った弾丸が、胴と胴の間にぬけてしまって撃としにくいという話が、当時のパイロットの笑い話として残っている。

とくに昭和十八年四月十八日、当時の連合艦隊司令長官山本五十六大将の乗機を撃墜した戦闘機として、日本人の胸には特別な感慨をいだかせる飛行機である。

↑ フロリダ州オーランドのAPGC（Air Proving Ground Command）に所属し、テストに使われるP-38J-5。中間冷却器を移設したことなどにより、ナセル下面が張り出し、H型までと大きく異なった形状に注目。

↓ ニューギニア、もしくはモロタイ島あたりの前線基地におけるP-38J-10、S/N42-67795。太平洋戦域に展開したP-38は、当初、動きの軽快な日本陸、海軍の一式戦、零戦に対し、格闘戦に引き込まれて苦杯を喫したが、戦訓を学び、速度、急降下、高々度性能の優秀さを生かした垂直面の空中戦に徹し、日本の戦闘機を翻弄するようになっていく。

→〔右上、下〕 内翼下面に、大型の落下増槽（容量150U.S.ガロン――567ℓ）を懸吊し、デモ飛行するP-38J-10、S/N42-68008。敵機からの視認度の高さを意に介せず、オリーブドラブ／ニュートラルグレイ迷彩塗装を落とし、ジュラルミン地肌の輝きにまかせた姿に、ヨーロッパ、太平洋両戦域で優位に立った連合軍、つまりはアメリカ軍航空戦力の余裕を感じることができる。P-38の場合は、工場での新造機は、このJ-10の途中から無塗装が標準となった。なお、P-38Jは1943年8月以降、それまでの各型を通じて最高の、計2,970機もつくられた。

↓ P-38Jの機首武装を全廃し、先端をガラス窓にして、専任の爆撃手席を追加した爆撃嚮導機“ドループ・スヌート”。P-47、P-51の充足にともない、ヨーロッパ戦域に展開したP-38は、純粋の戦闘機というよりも、戦闘爆撃機として使われることが多くなった。このP-38だけの編隊による爆撃効果を上げる目的でつくられたのがドループ・スヌートというわけである。爆撃照準器を使ったドループ・スヌートの正確な照準に基き、無線を合図に、後続のP-38編隊がいっせいに投下するという仕組み。

427130

↓ P-38の高速は、早い時期に偵察機への転用を促し、1941年12月にはP-38Eの機体を流用した、最初の偵察機型F-4-1-LOが出現した。写真は、そのF-4-1-LOにつづき、計20機がP-38Eを改造してつくられたF-4A-1。機首両側に、斜下方向撮影用の方形窓を追加したのがF-4-1-LOとの相違。F-4にとっての最初のミッションは、1942年5月7日、サンゴ海を航行する日本海軍機動部隊の索敵であった。

↓〔下段〕 偵察機型P-38の最後の生産型となった、F-5G。ベースになったのはP-38Lで、5台のカメラを収容した機首まわりの形状が、F-4、F-5各型とまったく異なっているのが特徴。F-5Gは63機つくられ、F-4、F-5各型をあわせた偵察機型の合計は、約1,390機にも達した。

→〔右上〕 P-38系列の、事実上最後の量産型となったL型は、機体そのものはJ型後期とほとんど変わらず、両主翼下面に、5 in.ロケット弾を懸吊可能にした点が主な違いだった。このロケット弾の懸吊法は2種あったが、実際に使われたのは、写真の機体にみられる、″クリスマス・ツリー″ 型ランチャーに片翼5発ずつ懸吊するタイプ。このロケット弾により、P-38の対地攻撃力が一段と増したことは言うまでもない。L型は、合計3,924機(!)という、P-38各型を通して最多の生産数を記録した。

→〔右下〕 完成したL型を改造し、合計75機つくられた夜間戦闘機型のP-38M。操縦席の後方に一段高くしてレーダー・オペレーター席を追加、機首にAN/APS-4機上レーダー・ポッドを取り付けたのが主な相違。しかし、実戦参加するまえに第二次大戦が終結してしまい、間に合わなかった。

Bell P-39 Airacobra　ベルP-39 "エアラコブラ"

←〔左２枚〕 P-40と同様に、大戦初期に苦境に立たされたイギリス空軍は、P-39にも大いに注目し、アメリカ陸軍航空隊向けの２番目の量産型P-39Dに相当する型を、"エアラコブラMk. I" の名称で計675機（！）も大量発注した。しかし、1941年７月に到着した第一次引き渡し分を使ってテストしたところ、性能がカタログ・データより大きく下廻っていることがわかり、がっかりしたイギリス空軍は、しぶしぶ212機を受け取ったものの、残りすべてをキャンセルしてしまった。写真は、イギリス空軍における唯一の使用部隊、第601飛行隊所属機。

↑ 第二次大戦後は、ヘリコプターの開発に専念したベル社だが、大戦前〜戦中にかけては戦闘機開発の有力メーカーのひとつであった。ただ、同社の設計機は当時からすでに個性的で、他社機とはひと味違っていた。そのベル社の、２作目の戦闘機にして、採用を勝ち取ったのがP-39である。本機の特徴は、何と言っても、エンジンを操縦室の直後に配置し、機首内部には、プロペラ軸を通して発射する、37㎜の大口径機関砲を備えるという、大胆な設計である。写真は、1939年４月に初飛行した原型機XP-39。

↓ 原型機XP-39につづき、12機発注された実用試験機YP-39。XP-39は排気タービン過給器を備えていたが、必要性が低いとの指摘により撤去、冷却器配置などにも改修が加えられ、ベル社の構想とはだいぶ異なった性格の、低高度用戦闘／爆撃機的な機体に変化していた。

高々度、運動性能はきわめて悪く、太平洋戦争が始まって、ソロモン、ニューギニア戦域で日本海軍の零戦と対戦した部隊は、ほとんど一方的に大敗した。

↑ 1939年１月から就役した最初の生産型、P-39Cの燃料タンクを自動防漏式とし、主翼内に7.7㎜機銃２挺を追加装備するなど改修を加えた、２番目の生産型P-39D。しかし、強力な武装はともかく、P-39の上昇力、

↑ 胴体下面に落下増槽を懸吊し、ニューギニア島の前線基地から出撃する、第８、または35戦闘航空群所属のＰ-39Ｄ-１。1942年なかばごろの撮影で、当時は日本軍によるポートモレスビー方面に対する攻勢が強まっており、この方面を担当区とした第５航空軍隷下各隊は、戦力もまだ充分ではなく、苦しい戦いを余儀なくされていた。とくに、戦闘機隊はＰ-39、Ｐ-40の２機種しかなく、性能面ではいずれも日本海軍の零戦に大きく劣り、Ｐ-39は、その胴体形状から〝カツオブシ〟と仇名され、好餌の対象とされた。

戦闘機の射撃兵装

渡辺茂夫

ふつう、単座戦闘機の場合、機関銃／砲は胴体の前部上側とか、主翼にとりつけてあるため、射撃照準は操縦席の前方に固定してある射撃照準器でおこなう。

第二次大戦当時の射撃照準器には、照準眼鏡式のもの、反射鏡式のものなどがあったが、敵機の姿を照準枠のなかに映してから、操縦桿のボタンを押して射撃する点では変わりはない。

また機関銃／砲は、なるべく重心点に近い胴体の中心部にとりつけたほうが、振動がすくなく、構造力学的にも有利で、命中率がよくなる。

一時、これをエンジンにとりつけ、プロペラ軸のなかを通して前方を射撃する固定機関砲、つまりモーター・カノン式の戦闘機が有力視されたこともあった。

しかし結局は、瞬間的に多数の弾丸を浴びせることのできる多銃方式が、米英側で成果をあげ、プロペラとの同調装置のいらない翼装備機銃形式が多く採用されることになった。

その反面、射撃照準装置からかなり距離のある翼機銃では、機体自身の動揺や発射時の振動などのため、命中精度はわるくなる。

また翼機銃では、一定の距離で弾丸が集中するように、わずかに内向けにとりつけてあり、この距離が三〇〇メートルとか四〇〇メートルというように調整されている。

したがって、この距離に目標をいれることも、実戦では大きな制約になる。この両方の特性をかねそなえたのがＰ－39や零戦であった。

←〔左2枚〕 性能的に二流機の域を出なかったP-39だが、第二次大戦という“特需”にも恵まれ、D型以降もエンジン、機体を改良しつつ、F、K、L、N型と生産がつづき、1942年9月には、主翼下面に12.7㎜機銃をポッド式に装備した、最終生産型のQ型が発注され、合計4,905機(!)も大量生産された。写真は地上、および飛行中のP-39Q。しかし、このころにはアメリカ陸軍航空隊にP-47、P-51の両新鋭高性能戦闘機が充足しつつあって、もはやP-39Qは余剰機扱いに等しく、じつに4,773機がソビエト空軍に売却された。同空軍は、対地攻撃機として使い、その強力な射撃兵装を高く評価した。

← 操縦席の前方にもう1席追加して、複座練習機となったTP-39。むろん武装は全廃されている。写真の機体はP-39Qがベースだが、改造によって製作されたため、とくに基本型はきまっていなかった。製作機数も不詳。

Curtiss P-40
Warhawk

カーチスP-40〝ウォーホーク〟

↓　オハイオ州ライト・フィールドの陸軍航空隊資材部に納入された、最初の生産型P-40の1機。上写真のXP-40に比べ、スピナー、ラジエーターをはじめとした機首まわり、さらには主脚カバーのアレンジなどに変更が加えられていることがわかる。なお、計524機発注されたP-40のうち、実際に生産されたのは199機のみで、残りはフランス空軍向けの輸出型、モデル81-HA1に振り替えられた。

↑　P-36のエンジンを、液冷アリソンV-1710（1,150hp）に換装して、全般性能の向上を図るというコンセプトのもとに開発され、1938年10月に初飛行したP-40の原型機XP-40。写真は、初飛行後の改修をうけた状態を示し、ラジエーターが機首下面に移動し、排気管のアレンジも変化している。最高速度550km／hは、当時としては速いほうで、陸軍は、ただちに生産型P-40を524機も発注した。

↑〔上２枚〕第二次大戦が勃発したことをうけ、当面は中立政策を掲げたアメリカだが、陸軍航空隊は戦争加入を予測し、実用機に迷彩を規定した。上２枚は、そのオリーブドラブ／ニュートラルグレイ迷彩を施した、P-40のオフィシャル・フォト。機首下面のラジエーターが、後期生産型のように大きく張り出していないぶん、初期のP-40の機首まわりは、空力的な洗練度は高かったといえる。

↑〔上２枚〕 機首の形状にピッタリとマッチした、特大のシャーク・マウス（鮫口）を描いた、中華民国空軍の〝雇われ外国軍隊〟、アメリカ義勇飛行隊〝フライング・タイガース〟所属のH81-A２。本型は、アメリカ陸軍航空隊仕様でいえばP-40Cに相当するのだが、中華民国が輸入してフライング・タイガースに配属するという形になったため、カーチス社の社内名称がそのまま使われている。フライング・タイガースに配属されたH81-A２は約100機、太平洋戦争開戦２日後の1941年12月10日から実戦に投入され、中国大陸奥地の昆明、ビルマのミンガラドン（ラングーン市郊外）を基地として、来襲する日本陸軍機を相手に善戦敢闘する。

← イギリス本土南部の田園地帯上空を、低空飛行訓練する、同空軍第26飛行隊所属のトマホークMk. IIA。第二次大戦初期、ドイツ空軍の大攻勢に狼狽したイギリス空軍は、可能なかぎりのアメリカ製戦闘機を購入することを決定、降伏したフランスの発注分の肩替わり、トマホークMk. I 185機につづき、1940年10月から、P-40Bに相当するトマホークMk. II Aを110機購入した。

↓ カーチス社バッファロー工場内にて、続々と量産されるP-40E群。手前が最終組み立てラインで、奥のほうには、主翼を結合するのを待つ、多数の胴体がみえる。まさに、アメリカのマス・プロ能力の凄さを思い知らせるショットである。E型は、P-40系列としては最初の本格量産型と言え、1941年8月以降、合計2,320機もつくられた。

↑　冬は吹雪と氷、夏は濃霧に閉ざされる、北太平洋のさい果ての戦場、アリューシャン列島をベースに活動した、第11航空軍隷下第343戦闘航空群第11戦闘飛行隊所属のP-40E。各機は、機首いっぱいに〝アリューシャン・タイガー〟と呼ばれた虎の顔（黄と黒、口は赤、歯は白）を描いており、日本機に対する威嚇の意図もあったのだろう。厳しい気象条件もあって、南太平洋戦域のごとき活発な航空戦は生起しなかったが、1942年6月3日、ミッドウェー攻略作戦の支作戦として、日本海軍空母機がウムナク島に来襲した際には、11FSのP-40Eが迎撃し、九九式艦爆、零戦各2機の撃墜を報じた。

↑　P-40のワールド・ワイドな一面を象徴する、熱砂の北アフリカ線戦における、F型の活動ショット。もともと、飛行性能が高くなかったP-40Eだが、とくにドイツ空軍のBf109戦闘機などに対しては、高空性能がいちじるしく劣っていたのが問題であった。そこで、定評あるイギリスの傑作液冷エンジン、ロールスロイス〝マーリン〟を、アメリカのパッカード社でライセンス生産したV-1650-1（1,300hp）に更新したのが、P-40Fである。外観上、機首上面の気化器空気取入口が無くなった（下面のラジエーター部に組み込まれた）ので、他型との識別は容易。1941年末以降、約1,300機ほどつくられた。

↓　上写真と時期的に前後するが、北アフリカの枢軸軍に対する連合軍側の反攻上陸作戦、すなわち、1942年11月8日の〝オペレーション・トーチ〟（たいまつ作戦）の成功後、戦力増強策の一環として、モロッコの沖合に進出した、海軍航空母艦『レンジャー』（CV-4）より、自力で滑走発艦する、第325戦闘航空群のP-40F。陸軍戦闘機が、海軍の航空母艦を使って戦地に進出するという、珍しいシーンである。1943年1月19日の撮影。

↑　茶色系の砂漠用迷彩を施し、落下増槽を懸吊して飛行する、P-40K-1。K型は、F型とほぼ同じ機体に、従来のアリソン・エンジンのパワー・アップ型、V-1710-73（1,325hp）を搭載したもの。機首上面の気化器空気取入口は、当然、復活している。F型の一部もそうであったが、エンジンの出力向上にともない、トルクの影響で“機首振り”がいちじるしくなったのに対処し、垂直安定板付根前縁に小さなフィンを追加したことも特徴。

↓　中国大陸奥地、雲南省の昆明飛行場に並ぶ、第14航空軍隷下、第23戦闘航空群第75戦闘飛行隊のP-40K。23FGは、かつてのアメリカ義勇飛行隊“フライング・タイガース”の後身であり、1942年7月、中国大陸奥地から、日本軍に対する攻勢を強めるために編成された、アメリカ陸軍航空隊第14航空軍に組み入れられた。つまり、中華民国空軍の“雇われ外国軍隊”から、れっきとした自国の軍隊に昇格したわけである。以後、日本敗戦の日まで、主として中国大陸の南西部を中心に活動し、大きな戦果をおさめている。

↑　はるか地平線の果てまで、広大な平地がつづく、アメリカ本土フロリダ州の上空を飛行する、陸軍航空隊戦術センター所属のP-40N。非実戦機ということもあるが、機首の特大シャーク・マウスといい、スピナー、胴体後部帯の４色（赤、青、白、黄）塗り分けといい、戦争中の緊張感にはほど遠いマーキングである。このあたりが、日本人の理解を超える感覚というものだろう。N型は、戦時下の需要急増の恩恵をうけ、1943年３月～1944年11月の間に、合計5,219機（！）もの多数が生産された。これは、P-40全生産数の40パーセント近い数で、むろん各型を通して最多であった。

↓　カラーページの冒頭に掲載した写真と同じ、カーチス社製戦闘機の通算15,000機目となったP-40Nの、メモリアル・フライト時の１ショット。胴体、主翼に描かれた、使用各国の国籍標識が圧巻である。性能的には二流機と言われながら、とにかく、これだけのユーザーをもち、総計13,738機もつくられた機体はそうザラにはない。兵器は、性能の良さがすべてではない、P-40の実績はそれを無言のうちに語っている。

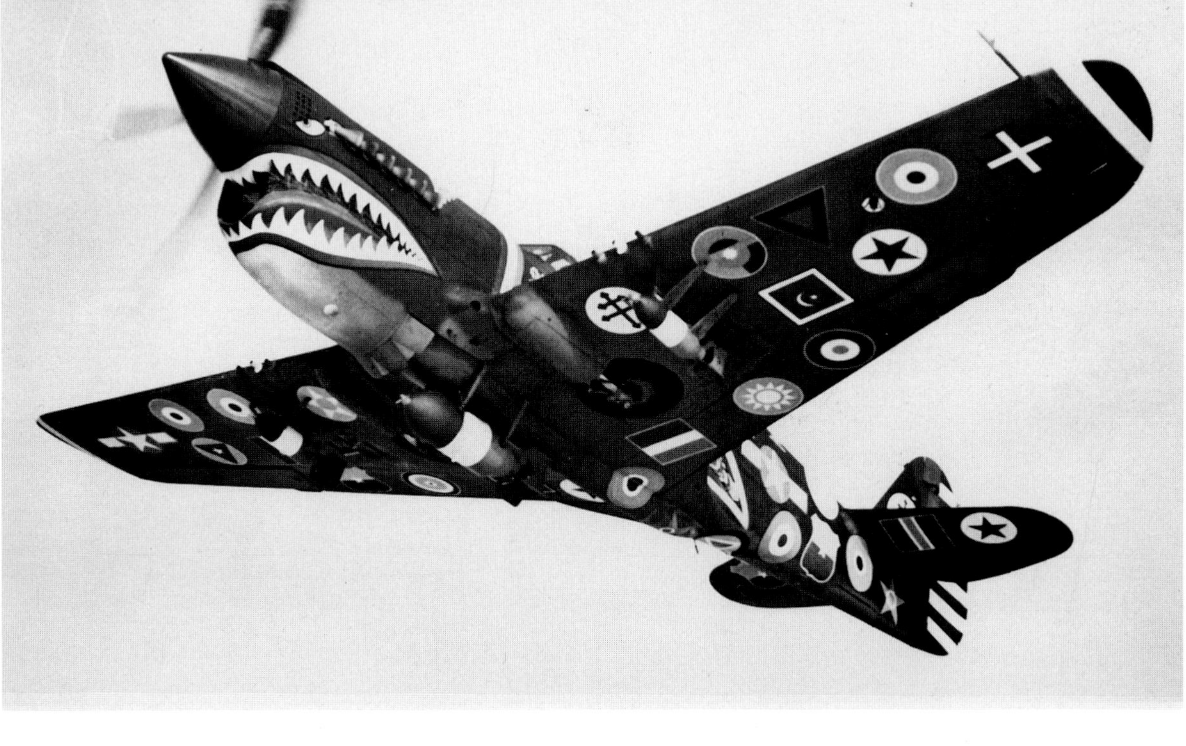

Republic P-43 Lancer リパブリックP-43"ランサー"

↑　P-35を成功させたセバスキー社が、同機を基本にし、排気タービン過給器を備える高々度戦闘機として開発したのがP-43であった。本機の制式採用に先立ち、セバスキー社は、1939年10月にリパブリック社と改名したため、同社名を冠する最初の軍用機ということになった。写真は、1939年9月に13機発注された、実用試験機YP-43の1機。

↓　上写真と同じYP-43を右前方から捉えたショット。本機の原型になったXP-41よりも、さらに洗練された外形になっているのがわかる。エンジンは、空冷P&W R-1830-35（1,200hp）で、排気タービン過給器は、胴体後部下面に埋め込み式に配置され、機首下面から胴体中心線に沿って排気筒が導かれている。

← オリーブドラブ／ニュートラルグレイ迷彩に身をつつんだP-43A-1。排気タービン過給器の威力により、本機の高々度性能は良好であったが、機体サイズの割に重量が大きく、運動性などは低かった。そのせいもあり、生産数はP-43 54機、P-43A 205機の計259機にとどまり、後者のうち108機は中華民国空軍に売却された。

← 主翼下面に、青天白日の国籍標識を描いた、中華民国空軍のP-43A-1。1942年9月、中国大陸奥地の昆明地区における撮影。これらのP-43A-1は、四川省、雲南省方面に来襲した日本陸軍機と戦ったようだが、目立つ戦果はなかったらしい。

← 1942年夏、中国大陸南西部の桂林地区にて、中華民国空軍／在支アメリカ陸軍航空隊に捕獲され、修理ののち、P-43A-1（左）とともに飛行テストをうける、もと台南航空隊所属の零戦二一型の非常にめずらしいショット。その平面形状からして、日、米の戦闘機設計に対する感覚の違いがみてとれる。両機が、中国大陸上空で空中戦を交える機会は無かった。この零戦は、のちにインドに空輸され、船便にてアメリカ本国に輸送された。

Republic P-47
Thunderbolt

リパブリックP-47〝サンダーボルト〟

↓　最初の量産型として、1942年８月までに170機つくられたP-47Bの１機S/N41-5931。搭載したP&W R-2800空冷星型複列18気筒エンジン（2,000hp）の大サイズもさることながら、総重量６トンにも達する、当時としては超ヘビー級の単発戦闘機であった。ちなみに、零戦二一型のそれは2.4トン、Bf109Gでさえも3.1トンであった。

↑　B-17、B-24の両四発爆撃機と行動をともにすることが出来る、排気タービン過給器装備の高々度長距離戦闘機というフレ込みで誕生した、アメリカ陸軍航空隊最初の2,000hp級戦闘機P-47。写真は、1941年５月６日に初飛行した、原型１号機XP-47B。わずか１年たらずという短い開発期間にもかかわらず、すでに、のちの量産型と変わらない完成度をみせている。

↑　1942年３月、イギリス本土ノーザンプトンのキングス・クリッフェ基地にて、実戦参加前の猛訓練に励む、第８航空軍隷下、第56戦闘航空群所属のＰ-47Ｃ。Ｐ-47Ｂは、生産数の少なさもあって、実用訓練機としての扱いに終始したため、Ｐ-47として最初に砲火の洗礼をうけたのはＣ型であった。そして、1943年３月10日、第４戦闘航空群のＰ-47Ｃ 14機が、はじめてイギリス本土より大陸に侵攻し、初陣を飾った。

↓　訓練のため、イギリス本土内基地を離陸した直後の、第56戦闘航空群所属のＰ-47Ｄを下方より仰ぎ見た、ダイナミックなショット。Ｄ型は、1943年春から就役した、Ｐ-47系の主力生産型で、各サブ・タイプあわせて、合計12,602機もの多数がつくられた。第８航空軍のＢ-17、Ｂ-24四発重爆を護衛しての、ドイツ本土侵攻が、本機の前半生のハイライトであろう。

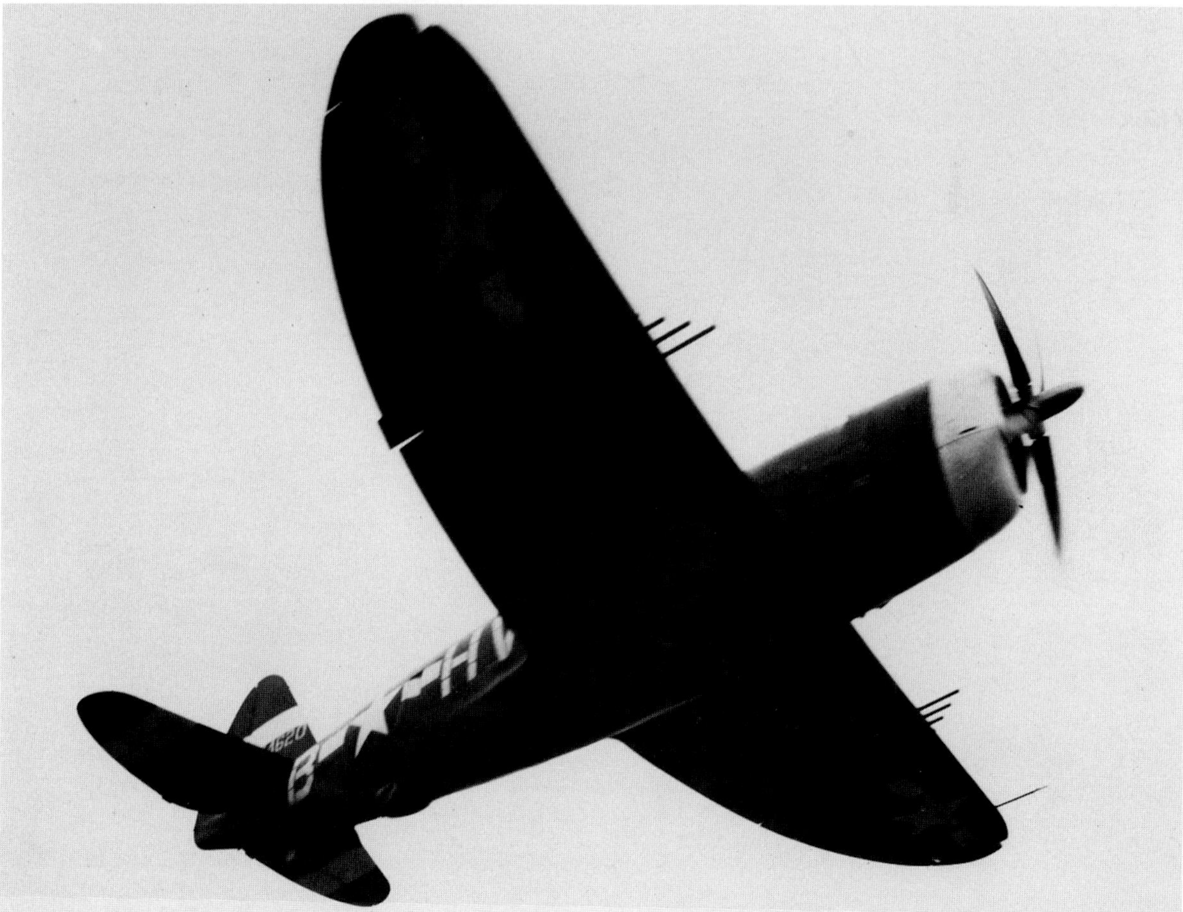

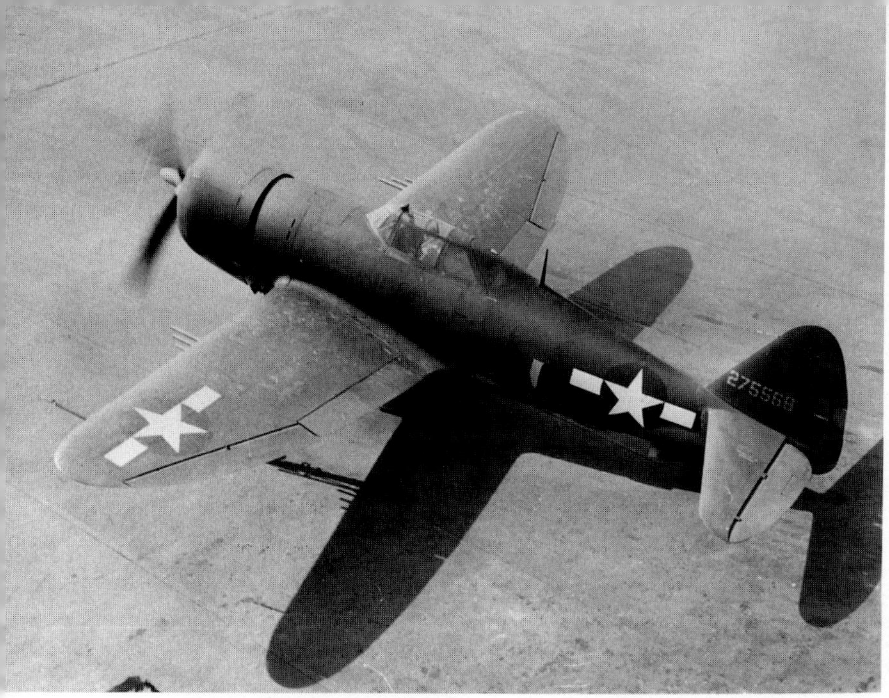

↑ 離陸滑走するP-47Dを左上方から俯瞰したショット。操縦席風防から後方の胴体上部が、魚のヒレのように薄く絞り込まれているのが、D型の途中までの特徴で、この部分にちなみ、〝レイザーバック〟(カミソリの背)型と呼称される。

→ 尾部をクレーンで吊り上げ、機体を水平姿勢にして、両主翼下面にM10型4.5in.ロケット弾を装塡する、第12航空軍隷下第57戦闘航空群第65戦闘飛行隊所属のP-47D。胴体下面には、すでに75U.S. ガロン(283ℓ)入りの増槽を懸吊ずみ。1944年末ごろ、イタリア戦線における撮影。

↓ インド、ビルマ方面を担当戦区とした、第10航空軍の第80戦闘航空群第90戦闘飛行隊所属P-47D。1944年末、ビルマ北部基地における撮影で、戦況が優勢に傾き、重苦しい迷彩塗装を落としてジュラルミン鈑地肌を輝かせる姿に、余裕が感じられる。この時期、ビルマ戦域の日本側航空戦力(陸軍が担当)は、きわめて微力になっていて、大規模な空中戦は生起しなくなっていた。

→〔右下〕 1944年6月のサイパン島進出を直前にひかえ、ハワイ・オアフ島の飛行場に並んだ、第7航空軍隷下第318戦闘航空群のP-47D。これら各機は、このあと海軍の護衛空母2隻に便乗し、マリアナ諸島東方海域に達した6月24日、25日の両日に分けて、カタパルト発艦により、占領直後のサイパン島アスリート飛行場に進出する。

↓　これも、上写真と同じく、1944年秋ごろのフランスの前線基地における、第９航空軍隷下、第354戦闘航空群所属P-47Dの出撃シーン。各機とも、両翼下面の兵装パイロンに、500ポンド（227kg）GP爆弾を懸吊している。P-51の充足にともない、P-47の主任務は対地攻撃に移り、その大搭載量をフルに生かし、ドイツ、イタリア地上軍に痛撃をあたえた。第９航空軍は、その地上支援を主任務とする戦術航空軍であった。

↑　いまだ完全に整備されていない、スチール製メッシュ・マットを敷いた前線飛行場から、落下増槽を懸吊して出撃する、第９航空軍隷下のP-47D。右手前に、滑走路整備中のブルドーザーを配した、いかにもアメリカ軍らしい“力強さ”を強調したオフィシャル・フォトである。

↑　排気タービン過給器にモノを言わせた高々度性能はもとより、速度も一級で、ドイツ空軍のBf109、FW190両戦闘機に対し、P-47は空中戦では、高度差を利した一撃離脱戦法により、多くの撃墜戦果をあげた。そんなP-47パイロットの中で、ヨーロッパ戦域における陸軍航空隊のトップ・エースになったのが、第56戦闘航空群に属した、フランシス・ガブレスキ中佐である。彼のスコアは28機に達した。写真は、1944年6月当時の乗機、P-47D-25-RE。

←　P-47の、原型以来の外観上の特徴であった、〝レイザーバック〟を改め、風防を視界の良い水滴状に変更、胴体後部も細い楕円形断面に再設計したのが、D-25-REであった。写真は、そのP-47D-25-REの編隊飛行ショット。

↓　太平洋戦争終結後、戦前の統治国オランダの要請にもとづき、ジャワ島のバタビアに進出し、独立派軍の攻撃に参加した、イギリス極東航空軍（SEAC）隷下、第80飛行隊のサンダーボルトMk.Ⅱ。イギリス空軍は、大戦中にP-47Dを830機も購入し、サンダーボルトMk.Ⅰ、Ⅱの名称をあたえ、すべて極東方面に配備し、インド、ビルマ方面にて日本陸軍機と戦った。

➡ 第二次大戦終結後、陸軍航空隊に在籍していた数千機にもおよぶP-47各型は、その大部分が余剰機扱いとなり、スクラップ処分の対象となって消えたが、一部はNational Gard（州航空隊）に配転され、ジェット戦闘機に代替されるまでの間、現役にとどまった。写真も、それらのうちの1機P-47D-30で、PA-NGの胴体コードが示すように、ペンシルベニア州航空隊所属である。

➡ 第二次大戦中のP-47は、実戦に参加したのはほとんどD型のみと言ってよかったが、性能向上のための改修、試作はずっとつづけられていた。写真は、D型のエンジンを、液冷V型16気筒2,500hpという、怪物的なクライスラーXI V-2200-1に換装して、飛躍的な性能向上を狙ったXP-47H。最高速度790km/h（!）を記録したが、結局、試作のみに終わった。

➡ これもP-47Dの性能向上案のひとつ、エンジンはそのままに、カウリングを再設計し、機銃を6挺に減らすなどの軽量化をはかったXP-47J。XP-47Hをさらに凌ぐ、812km/hという、レシプロ機の極限値に近い超高速を出した。しかし、これほどの好成績を示しながら、併行して開発されていた発展型XP-72のほうが有望と判定され、試作のみで終わった。

← 両主翼下面に、5 in.ロケット弾計10発、兵装パイロンに1,000ポンドGP爆弾２発を懸吊し、離陸してゆくP-47N。その搭載量は、ゆうに日本陸海軍の双発爆撃機を凌ぎ、超ヘビー級単発戦闘機の面目躍如といったところ。N型は、P-47系の最終量産型で、M型の航続性能向上を主眼に開発された、対日戦専用型でもあった。外観上、もっとも目立つ変化は、主翼が形状もふくめて再設計されたこと。

↑ 編隊飛行するP-47N。N型は、1944年７月に原型機が初飛行、同年末から部隊配備を開始したが、最初の３個航空群が沖縄に展開し、実戦出撃を開始して間もなく太平洋戦争が終結してしまったため、その高性能を示す機会がないままに終わった。最高速度750km／h、航続距離3,200km（!）、本機にまともに対抗し得る日本戦闘機など、もとより存在せず、その意味では、日本は幸いだったと言えるかもしれない。

North American
P-51 Mustang

ノースアメリカンP-51〝マスタング〟

↓　原型機の性能に満足したイギリス空軍は、ただちに〝マスタングMK.I〟の名称により制式採用、当初の320機に加え、新たに300機を追加発注した。写真は、第2飛行隊に配属された、S/N AG456の出撃シーンで、操縦席後方窓がオムスビ形に凹んでいることからもわかるように、ここにF24カメラ1台を搭載した、戦闘／偵察機仕様になっている。

↑　〝大至急P-40のライセンス生産を請け負ってほしい〟という、イギリス空軍の要請を蹴り、〝それと同等の準備期間内に、もっと高性能の戦闘機を提供してご覧にいれる〟という、ノースアメリカン社の強気の発言どおり、正味わずか117日間（！）という超スピード開発により、1940年9月24日に完成した、原型機NA-73X。機首まわり、風防などをのぞき、すでにのちの量産型とほとんど変わらぬ、完成度の高さをみせている。

↑ イギリス本土上空にて訓練飛行する、第２飛行隊所属のマスタングMK.Ⅰ。本機を受領して実用テストしてみたイギリス空軍は、現用のスピットファイアを凌ぐ速度、航続距離、さらには操縦、安定性、整備性の良さを高く評価したものの、搭載するアリソンV-1710系エンジンの特性によって、高々度性能が悪く、機体サイズの割に重量が重いことにより、上昇性能が不満足であることも確認した。そのため、マスタングMK.Ⅰは、対戦闘機の空中戦には不向きと判断し、航続距離の大きいこと（スピットファイアの２倍に相当した）、低空性能の良さを生かし、戦闘/偵察機として活用することにし、陸軍直協軍団隷下の飛行隊に配備した。写真の第２飛行隊もそのうちの１隊である。

P-51の本籍はイギリス？

野原　茂

〝第二次大戦における世界最優秀戦闘機〟という評価が、すっかり定着したP-51が、そもそも、イギリス空軍の発注によって誕生した機体であるという事実は、大戦機通なら知らぬ人はいないだろう。

そのイギリス空軍でさえも、戦闘機設計が未経験だったノースアメリカン社に、開発を依頼するにも賛否両論あり、ましてや、わずか120日間という信じられない短期間で、これほどの高性能戦闘機を、まるで手品でも使ったかのごとく実現させるとは、夢にも思えなかったにちがいない。

だから、アメリカ陸軍航空隊が、なぜ自分たちの使う戦闘機をノースアメリカン社に、最初から開発させなかったのだろう（？）という、素朴な疑問も当然おこっても不思議ではない。同社の実力を見抜くことは不可能に近かったのだ。

P-51の誕生で、アメリカはイギリスに大きな借りをつくったことになるのだが、それに輪をかけて大事なのは、自国製〝アリソン〟エンジン搭載型では、いまひとつ性能がパッとしなかったP-51が、イギリスのロールスロイス〝マーリン〟に換えて、見違えるほどに性能向上し、名実ともに最優秀戦闘機に脱皮できたことである。

人間の場合も、異人種との間に生まれた子供は、父母双方の優れた部分を合わせ持つと言われるが、P-51はまさにそれを具現した機体といえよう。

いずれにせよ、この稀代の傑作機を誕生させ、かつまた育ての親ともなったイギリスを、アメリカは末代に至るまで感謝すべきであろう。

↓　日本海軍機動部隊のハワイ空襲により、否応なく第二次大戦に巻き込まれたアメリカは、軍事力の拡張に本気で取り組んだ。その一端はP-51の制式採用にも表われていた。写真は、イギリス空軍向けのマスタングMK. IA150機のうち、57機を引き抜き、P-51“アパッチ”と命名されたうちの1機。

↑　陸軍直協軍団隷下の飛行隊が配備先となった、マスタングMK. Iの主翼武装を、12.7mm機銃×4から、地上攻撃に威力の大きい、20mm機関砲×4に換装したのが、マスタングMK. IAであった。写真は、飛行中の同機を真下から見上げたショットで、主翼から突き出た4門の20mm機関砲が凄味を感じさせる。

↑　大戦初期、ドイツ空軍の急降下爆撃機ユンカースJu87“シュツーカ”の活躍に刺激されたアメリカ陸軍航空隊が、マスタングMK.Iに爆弾懸吊架、急降下エア・ブレーキを追加、各部を改修して、応急的な戦闘爆撃機として採用したのがA-36Aである。写真は、評価試験のため、イギリス空軍に譲渡された1機で、両翼下面に500ポンド爆弾各1発を懸吊している。A-36Aは500機発注され、地中海、インド、ビルマ方面にて活動したが、戦果の割に損害が多く、成功とは言いにくい結果だった。

↑　P-51につづき、アメリカ陸軍航空隊が受領した2番目の生産型P-51A。エンジンがアリソンV-1710-81（1,200hp）に換装され、武装を主翼内の12.7mm機銃4挺だけに軽減したのが主な相違。1943年3月から就役し、計310機つくられた。本型は、最後のアリソンエンジン搭載型P-51となった。

←　1944年初め、インド、ビルマ国境付近の山岳上空を飛行する、第1特殊戦航空軍所属のP-51A。胴体の斜5本帯が同航空軍所属機を示す共通マーク。日本陸軍の、飛行第50、64戦隊などの一式戦も、これらP-51Aと戦った相手である。

← 1944年3月、イギリス南部のデブデン基地を出撃する、第8航空軍隷下第4戦闘航空群第336戦闘飛行隊のP-51B。機首に描かれた、“Shangri-La”のエンブレム、操縦室横のスコア・マークからもわかるように、本機のパイロットは、有名なドン・ジェンタイル大尉である。彼は4FGのトップ・エースとして君臨し、大戦中にドイツ機21.84機を撃墜した。

↑ 機体設計は見事な出来なのに、マスタングの性能がいまひとつ振るわないのは、エンジンのせいであると見抜いたイギリス空軍が、スピットファイアなどに搭載されている、自国製ロールスロイス“マーリン”に換装してテストしてみたところ、速度は一気に70km/hも向上して690km/hを超え、弱点とされた高々度、上昇性能も飛躍的に改善、さらには、総合バランスも見違えるほど良くなり、一夜にして傑作機に変貌した。P-51にとっての大なる転機であった。この結果を聞いたアメリカ陸軍航空隊は、ただちに、パッカード社がライセンス生産中の同エンジンを搭載する新型として、1943年5月から、最大月産400機という猛烈なスピードで量産したのが、P-51B、およびP-51Cであった。写真は、P-51Bの最初の生産ブロック400機中の1機S/N43-12408。

↑ アメリカ陸軍航空隊の中で、最初にP-51Bを受領した、第9航空軍隷下、第354戦闘航空群第355戦闘飛行隊の所属機による、イギリス本土での訓練シーン。1943年末の撮影。両翼下面に75U.S.ガロン（283ℓ）入りの落下増槽を懸吊しており、この状態での航続距離は、最大で3,347kmにも達し、零戦二一型のそれをも凌ぐ、破格の“アシの長さ”であった。

← 航空優勢がはっきりした、1944年秋ごろの中国大陸奥地に、全面無塗装の機体を輝かせて並ぶ、第14航空軍第51戦闘航空群第26戦闘飛行隊のP-51C。数的劣勢に加え、性能面でも数段勝るP-51B/Cを相手にしては、日本陸軍の戦闘機も手の打ちようがなかった。写真の各機に描かれた特大のシャークマウスも、さながら日本機をひと呑みにしそうな迫力である。

264

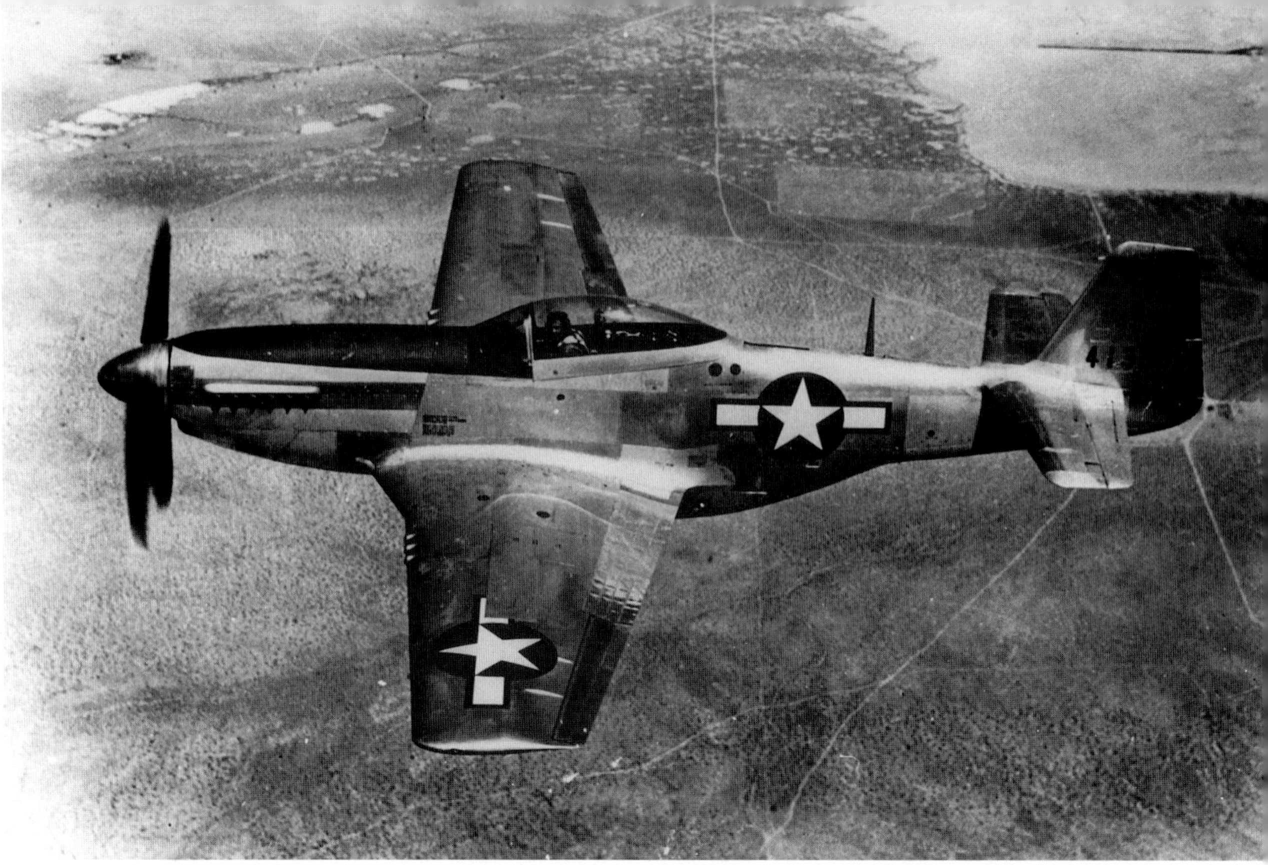

↓　P-51Dは、1944年5月、イギリス駐留の第8、9航空軍隷下部隊を皮切りに就役し、逐次P-51B/Cと交替していった。写真は、その第8航空軍隷下、第55戦闘航空群第343戦闘飛行隊所属機。上写真の初期生産機に比べ、垂直尾翼前方にヒレが追加されている。

↑　性能面については申し分ないP-51B/Cではあったが、ファストバック式風防を採っていたため、後方視界が若干悪いのが欠点と言えば言えた。そこで、風防を完全な水滴状に改め、これにともなって胴体後部上面も再設計するなどしたP-51Dが、1944年2月から量産に入った。写真は、P-51Dの最初の生産ブロック計800機中の1機で、すでに、P-51B/Cの途中から標準となった、全面無塗装のままで完成した。D型は、主翼武装が強化され、B/C型の12.7mm機銃4挺から、同銃6挺になり、付根前縁の前方への張り出しも大きくなった。特徴的な層流翼型断面が、それとなくわかる。

➡両翼下面に150U.S.ガロン（567ℓ）入りの落下増槽を懸吊し、硫黄島の飛行場から日本本土攻撃に発進せんとする、第7航空軍第506戦闘航空群第457戦闘飛行隊のP-51D。P-51の太平洋戦線への進出は、ヨーロッパに比べてかなり遅く、第7航空軍の隷下部隊が、硫黄島から日本本土に進攻したのは、1945年4月7日が最初であった。この時期、すでに日本陸海軍の防空戦力は微弱になっていて、大規模な空中戦は生起せず、P-51はB-29の護衛と地上銃撃をもっぱらとし、4カ月後には日本が降伏して戦争は終結した。

← 第二次世界大戦終結から5年後、朝鮮半島でふたたび戦争が勃発、退役していたF-51Dは、老骨にムチ打って第一線に復帰した。もっとも、時代はすでにジェット戦闘機が全盛、F-51Dは、"低速"を生かした地上攻撃に向いているために引っ張り出されたのである。写真は、1951年4月、ソウル飛行場にて出撃準備中のシーン。向こう側の機体は、主翼下面に5in.ロケット弾と爆弾を懸吊ずみ。

← アメリカ空軍（1947年に旧陸軍航空隊が独立して創設）のF-51Dとともに、共産軍攻撃に参加した、韓国空軍のF-51D。即成訓練をうけただけの韓国空軍パイロットは、重い爆弾を懸吊しての離陸と、爆撃精度に難があったため、もっぱらロケット弾6発装備による攻撃に集中した。

→ P-51の高性能は誰もが認めるところであったが、あえて弱点をさがせば、エンジン出力、機体サイズに比例すると、重量がやや重すぎ、軽快性にやや欠けることであった。そこで、イギリス空軍のスピットファイアを教材に、外形、サイズをほとんど変えず、内部構造を軽量化した機体を、都合3種試作し、その効果をためすことにした。写真は、その軽量版マスタングの1番手となった、XP-51F。3翅プロペラ、大型の水滴状キャノピー、コンパクトになった主脚などが目立つ。P-51Bに対し、自重が612kgも軽くなった本機は、最高速度が750km/hにもハネ上がった。

→ XP-51Fにつづいた2番目の軽量版、XP-51G。改修要領はXP-51Fと同じだが、エンジンをロールスロイス〝マーリン145〟とし、木製5翅プロペラを付けているのが相違点。本機も最高速度は756km/hを出した。なお、3番目のXP-51Jは、アリソンV-1710-119エンジンを搭載して、同様の高速を示している。

↓ P-51の高速性能は、当然のことながら戦術偵察機にも適しており、すでに、イギリス空軍向けの最初のマスタングMK.Ⅰがカメラを搭載し、この任務に使われていた。アメリカ陸軍航空隊では、カメラ搭載の偵察機型には、別途F-6の名称をあたえて区別した。写真は、P-51Kをベースにした F-6Kで、胴体後部に丸い撮影窓が2個、下面にも張り出し部に1個設けられている。武装はそのまま残されており、状況によっては空中戦も行なう。

海軍戦闘機カラー・イラスト集

作図：野原　茂

チャンス・ボート Ｆ４Ｕ-１Ｄ〝コルセア〟 第84空母航空群第84戦闘飛行隊司令官 ロジャー・Ｒ・ヒドリック少佐乗機（最終撃墜数12機） 空母『バンカー・ヒル』 1945年２月16日 関東地区空襲時

グラマンＦ４Ｆ-３〝ワイルドキャット〟 第３空母航空群第３戦闘飛行隊司令官 ジョン・Ｓ・サッチ少佐乗機（最終撃墜数７機） 空母『レキシントン』 1942年４月 ハワイ

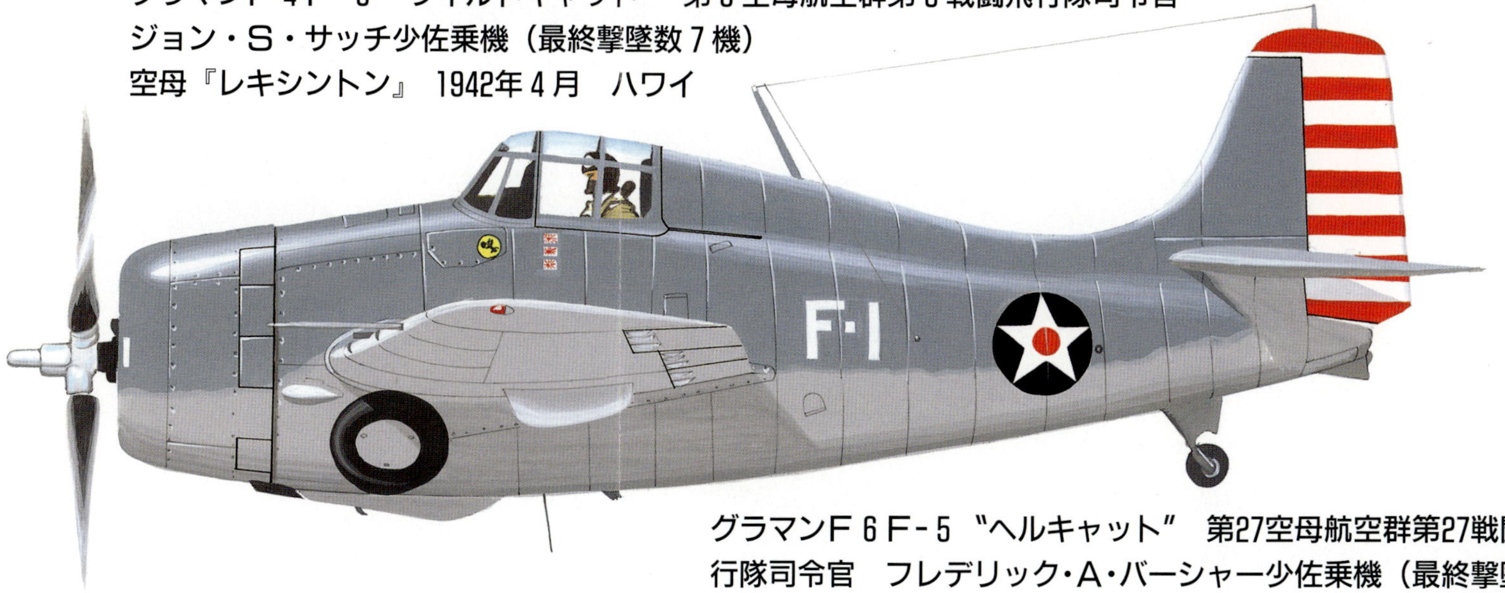

グラマンＦ６Ｆ-５〝ヘルキャット〟 第27空母航空群第27戦闘飛行隊司令官 フレデリック・Ａ・バーシャー少佐乗機（最終撃墜数８機） 空母『プリンストン』 1944年10月 フィリピン沖海戦時

グラマン Ｆ８Ｆ-１〝ベアキャット〟 第19空母航空群司令官 Ｈ・Ｅ・クックJr. 中佐乗機 1947年６月 フロリダ州／アラメダ海軍基地

作図：野原　茂

リパブリック P-47D-25-RE “サンダーボルト” s/n42-26459　第８航空軍第325戦闘航空群第352戦闘飛行隊　1944年７月　イギリス

カーチス P-40N-1-CU “ウォーホーク”　第10航空軍第80戦闘航空群第89戦闘飛行隊　1944年５月　インド／アッサム州

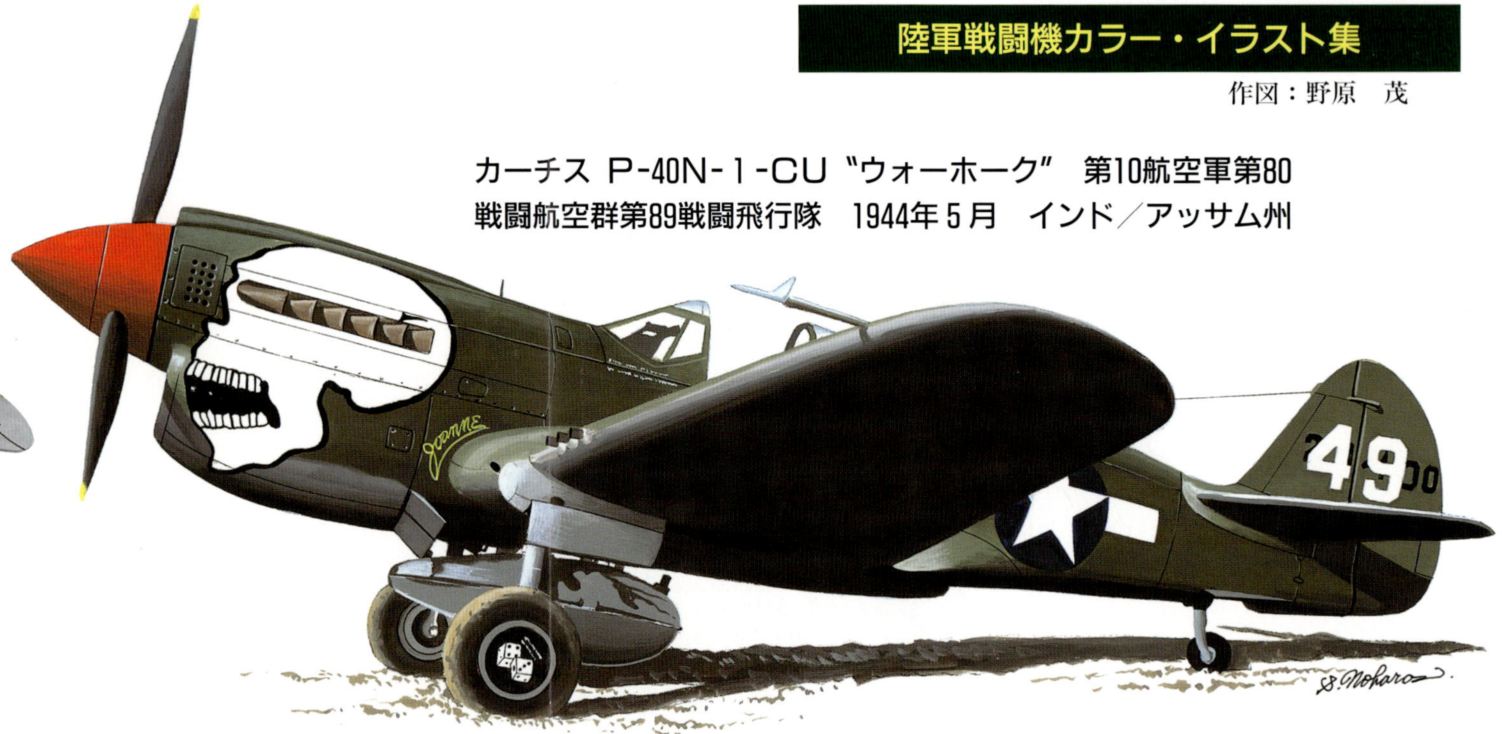

ノースアメリカン P-51D-15-NA “マスタング” s/n 44-14906 第８航空軍第352戦闘航空群第328戦闘飛行隊指揮官ジョージ・E・プレディ少佐乗機（撃墜数26.83機）
1944年11月 イギリス本土/ボドニー基地

Northrop P-61
Black Widow

ノースロップP-61“ブラックウイドウ”

↑↓　実戦において必要性が低かったこともあったが、アメリカはイギリス、ドイツ空軍に比べて、夜間戦闘機の開発という面に関しては、はっきり言って遅れをとっていた。そのアメリカ陸軍航空隊が、ヨーロッパの戦況をじっくり検討し、最初の本格的夜間戦闘機としてノースロップ社に開発させたのが、P-61であった。出力2,200hpのP&W R-2800ダブルワスプ空冷エンジンを搭載する、双発双胴形態の、総重量13トンを超える、まさにアメリカらしい超デラックス夜戦であった。写真は、1942年5月に初飛行した原型機XP-61につづき、13機発注された実用試験機YP-61で、上写真のS/N41-18877は、その2号機にあたる。下写真では、本機の独特の平面形状がよくわかる。

↑↓　XP-51F、G、Jで確認された、軽量化の効果を踏まえ、パッカード・マーリンV-1650-9エンジン（離昇出力1,380hp、水噴射使用時は最大で2,218hp）を搭載する、決定版として登場したのがP-51Hである。機体ベースはXP-51F、Gであったが、風防はP-51Dと同じ小型のものに戻されていた。P-51Hの最高速度は、高度7,620mにて784km/hに達し、航続距離は3,862kmにも延伸して，まさに〝究極のレシプロ単発戦闘機〟と形容するにふさわしい素晴らしさであった。1945年２月３日、原型機が初飛行し、これに先立って2,000機の生産発注も出されていたが、部隊配備後まもなく第二次大戦が終結してしまい、計555機つくられたところで、残りはキャンセルされてしまった。戦後、P-51Hの多くは州航空隊に配転され、朝鮮戦争に際しては軽量化が災いして、搭載量の大きいD型にとって替わられ、実戦参加はなかった。

↓　上写真と同じく、タクロバン飛行場から出撃するため、エンジンを始動した、第421夜間戦闘飛行隊のP-61A。機首側面に、アメリカ機ならではの〝お色気たっぷり〟のパーソナル・マーキングが描かれている。P-61の武装は、中央胴体背面に備えた、遠隔操作式12.7mm 4連装銃塔と、同下面の20mm機関砲4門で、各国夜戦の中でも群を抜いて強力であった。

↑　1944年11月、レイテ島のタクロバン飛行場で出撃準備中の、第5航空軍隷下、第421夜間戦闘飛行隊のP-61A。421NFSは、1944年6月、太平洋戦域のNFSで最初にP-61を受領した部隊として知られ、同月7日、日本陸軍の百式司偵を撃墜し、初戦果を記録する。

→ フランス上空を３機編隊で昼間パトロールする、第９航空軍隷下、第425夜間戦闘飛行隊のＰ-61A。1944年７月当時の撮影で、各機の主翼、胴体下面には、ノルマンディー上陸作戦参加機を示す白／黒帯、いわゆる“インベイジョン・ストライプス”が記入されている。

↑ Ｐ-61Aにつづく２番目の生産型となった、Ｐ-61B。本型は、機首が20cm延長されたこと以外は、Ｐ-61A-5とほとんど同じ。B型は、Ｐ-61の全生産数607機のうち、450機を占める主力生産型であった。全面黒装束の姿は、いかにも“ブラックウイドウ”（北米産の毒グモの意）の機名にふさわしい凄味がある。

→ 太平洋戦争の終結を目前にひかえた1945年８月上旬ごろ、沖縄・伊江島飛行場における、第７航空軍隷下、第548夜間戦闘飛行隊のP-61B。手前の“Lady in the Dark”号は、P-61としては最も有名な機体と言え、８月14日夜、日本陸軍の一式戦を撃墜し、第二次大戦における最後の戦果を記録した。

← P-61Bの飛行性能は、夜戦として申し分のないものであったが、陸軍航空隊は、さらなる速度、上昇性能の向上を望み、エンジンをR-2800-73（2,800hp）に換装したP-61Cを就役させた。最高速度は690km/h、実用上昇限度は12,500mにも達し、恐るべき高性能夜戦となった。しかし、こんな“高級夜戦”の相手になるべき敵機は、もはやドイツ、日本に存在せず、大戦終結もあって、わずか41機しかつくられなかった。

← P-61は、昼間長距離戦闘機としても充分通用するとの判断に基づき、試作されたのが写真のP-61E。機首のレーダーを撤去して、ここに12.7mm固定機銃４挺を備え、背部の動力銃塔を廃止したのが主な違い。乗員はP-61Bの３名から２名に減じていた。しかし、大戦終結により、P-61Eの量産は見送られた。

↓ P-61の高速と、長大な航続距離は偵察機にも適しており、C型の機体にE型の中央胴体を組み合わせ、機首内部にそれぞれ焦点距離の異なるカメラを６台装備し、武装は、胴体下面の20mm機関砲２門だけに限定した偵察機型が、F-15の名称で、計36機つくられた。もっとも、第二次大戦には間に合わず、戦後、ジェット戦闘/偵察機が充足する、1955年まで現役にとどまった。

Bell P-63 Kingcobra

ベルP-63 "キングコブラ"

↑↓　P-39の評価がかんばしくないことを自覚したベル社が、基本形態はそのままに、主翼断面をまったく別の層流翼型に変更、エンジンも、よりパワーの大きいアリソンV-1710-93系に換装し、各部を空力的に洗練したのがP-63である。原型機XP-63は1942年12月に初飛行し、P-39Qに比べて30km/h以上の優速と、上昇性能の向上などを示したことから、生産発注が出された。２枚の写真は、いずれも最初の生産型P-63Aだが、上写真は初期のサブ・タイプA-1、下写真は後期のサブ・タイプA-9である。P-39に比較し、全体に洗練されたようすがよくわかる。しかし、P-63Aの生産機が出廻ったころには、P-47、P-51両機が充足しており、本機はP-39と同様に余剰機扱いとなり、全生産数約2,950機のうち、じつに2,456機がソビエト、300機がフランスに売却された。つまり、P-63は実質的には輸出機だったことになる。

↑　P-63Aにつづいて生産に入った、P-63C。A型との主な相違は、エンジンがV-1710-117（1,355hp）に換装され、方向安定不足を補うために尾部下面にヒレを追加したこと。P-63Cは、1,227機つくられ、大半はソビエトに送られた。フランスに売却された300機も、このC型である。

↑　P-63Cのエンジンを、V-1710-109、および-135に換装したD、E、F型は、大戦終結によりキャンセルされた。写真は、大型垂直尾翼を付けた、P-63Fの2機の試作機のうちの1機。

←　戦後、P-63Cを改造し、有人標的機として32機つくられたRP-63Gのうち、尾翼をV字形翼に変更してテストされた1機S/N45-57300。このV形尾翼は、ジェット練習機、民間用軽飛行機などにもちいられた。

ノースアメリカンP-64

↑↓　その外観からして、本機はアメリカ陸軍航空隊が発注した新規開発の戦闘機ではなく、ノースアメリカン社が、傑作練習機AT-6〝テキサン〟のエンジンを600hp級から800hp級に換装し、7.7mm×2、12.7mm×2の武装を追加して、小国向けの低価格輸出戦闘機とした機体である。なぜP-64の制式名称で採用されたのかといえば、戦前にタイ国空軍が発注した6機分が、日本軍の同国進駐によって宙に浮き、これを肩替り購入したためである。むろん、実戦に使える機体ではなく、原型のAT-6と同様、練習機として扱われた。

バルティーP-66 "バンガード"　Vultee P-66 Vanguard

↑　P-66も、練習機メーカーとして知られたバルティー社が、輸出用に開発した戦闘機である。社内名称は48型と称した。本機は、P-64のような練習機改造機ではなく、新規設計で、エンジンは、1,200hpのP&W R-1830-33を搭載、武装は7.7mm×4、12.7mm×2と強力なうえ、最高速度は548km/hを出したというから、なかなか侮り難い機体だった。原型機は1939年に初飛行し、スウェーデンから144機の発注をうけて生産に入った。しかし、第二次大戦が勃発したため、政府の指示により、紆余曲折を経て最終的には中華民国に供与されることになり、129機がインド経由で大陸奥地に送られた。そして、残りを陸軍航空隊が引き取り、P-66の名称をあたえて、練習機として使用した。

↑↓　はるばる太平洋、インド洋を船便で渡り、インドのカラチに到着した、中華民国への供与分P-66の列線。1942年10月の撮影で、これらの各機は、その後四川省、雲南省方面に配備され、日本陸軍機と戦ったが、性能的に分が悪く、1943年後半にはP-40と交代して退役した。

Douglas P-70
Night Hawk

ダグラスP-70〝ナイトホーク〟

↓ 太平洋上空を飛行するP-70 A-2を、正面から捉えた迫力あるスナップ。A-2は、機首のレーダー・アンテナが両側に移動し、正面には12.7mm機銃4挺が装備された。A-20Gを改造して26機つくられている。

↑ 陸軍航空隊がノースロップ社にP-61の開発を発注するいっぽう、同機が就役するまでの暫定措置として、ダグラス社の双発軽爆撃機A-20〝ハボック〟を改造し、応急夜間戦闘機にしたのがP-70である。改造の要点は、機首の爆撃手席をつぶして、レーダー、もしくは固定機銃、胴体下面に20mm機関砲をポッド式に装備するというもの。写真は、最初にA-20を改造して59機つくられたP-70の1機、S/N39-776で、機首先端に、イギリスのMK. IVレーダー用アンテナ、胴体下面に20mm砲ポッド（4門）が確認できる。

← カリフォルニア州の山岳上空を、編隊で飛行訓練する、同州サリナス飛行場の訓練部隊所属P-70A-2。P-70は、その誕生の経緯からして、実戦機というよりも、むしろ将来のP-61乗員の訓練機としての存在価値のほうにウエイトが置かれていた。

← 離陸上昇してゆくP-70A-2。実戦部隊におけるP-70の活動としては、南西太平洋域に派遣された、第418、419、421夜間戦闘飛行隊が、ソロモン諸島、ニューギニア島方面にて、日本機の夜間来襲時の迎撃、哨戒などに従事したことが挙げられるが、やはり性能不足のため、目立った実績は残せなかった。

↓ これも、アメリカ本土内における訓練用のP-70A。結局、P-70は269機つくられたが、P-61就役までの〝つなぎ役〟になりきれず、夜間戦闘機乗員の訓練機材としての存在にとどまった。

North American P-82 Twin Mustang　ノースアメリカンP-82〝ツインマスタング〟

インスタント双胴戦闘機

鈴木誠二

昭和二十年の春になって、マリアナ諸島から日本本土を空襲するB-29を護衛するため、硫黄島を基地とするP-51D〝マスタング〟が、編隊で日本の各地を襲うようになった。まさに戦爆連合の堂々の陣で日本を圧倒したわけである。

しかしこのP-51Dは、まだ航続力が十分でなく、大きな増加燃料タンクを二つ翼下につけても、短時間の攻撃後すぐに引き返さなければならないほどの状態であった。

そこでアメリカ陸軍航空隊は、わずかのあいだに双発の長距離戦闘機を完成させる手段として、このP-51Dをさらに発達させたP-51Hの胴体をわずかに長くして、そのまま左右二機くっつけた双発双胴複座型のXP-82戦闘機を試作した。

これが有名な高性能双胴戦闘機〝ツイン・マスタング〟で、本格的な対日攻略用長距離戦闘機の決定版となった。

性能は非常にすぐれ、最大速度は軽く七〇〇キロ/時を越し、四、二〇〇キロ以上の航続力をもち、しかも左右いずれにも操縦装置がついていたから、操縦士は途中で交替して休むことができた。

まさにデラックスなマスタングである。

本機は、太平洋戦争には間にあわなかったが、のちに大型のレドームをとりつけ、黒色塗装をして、夜間戦闘機となった型が、朝鮮動乱当時、日本の基地から作戦し、一九五〇年六月二十七日、北朝鮮空軍のYak-7を3機撃墜し、動乱最初の戦果を記録した。

単発機2機を左右にならべた、インスタント双胴戦闘機としての、この〝ツイン・マスタング〟は、意外な成功をおさめたもので、あまり知られていない傑作戦闘機の一つである。

ほんとうの傑作機は、いつの世でも、いろいろな形で変遷しながらも寿命が長いものである。朝鮮動乱当時までも活躍していた、第二次大戦の戦闘機こそ、その原型をふくめてほんとうの意味の傑作戦闘機といえよう。

↓　XP-82につづいて発注された、最初の量産型P-82B。当初は500機生産の計画であったが、第二次大戦終結により、わずか20機つくられただけにとどまった。写真の“Betty Joe”号は、1947年 2 月27～28日にかけて、ハワイ～ニューヨーク間8,870kmを14時間33分で翔破し、レシプロ機による無着陸長距離飛行記録を樹立して有名になった機体。両翼下面の巨大な増槽に注目。

→↑　原型機として計 3 機発注された、XP-82の 2 号機S/N44-83887の力感あふれる飛行スナップ。ベースになったのは、軽量化マスタングのXP-51F、およびP-51Hだが、機首まわりはさらに洗練され、胴体後部も延長されるなどしており、左右機をつなぐ中央翼、水平尾翼、さらには外翼内部の変更などもふくめると、ほとんど新規設計に近い。このXP-82の性能は、最高速度776km/h、航続距離も最大で4,000km強という素晴らしさだった。

↑　外翼下面に各10発、中央翼下面に４発、計24発の5in.ロケット弾を懸吊し、テスト飛行に出発するP-82B。わずか20機しか生産されなかった本型は、結局、実戦部隊には配備されず、機体、および各種装備品のテスト機として使われた。P-82Bのエンジンは、パッカード・マーリンV-1650-19/21（1,860hp）で、左右機のプロペラはトルク打ち消しのため、それぞれ内側に逆回転する。

→〔右２枚〕 P-82Bは、実質的に各種実験機の扱いに終始したため、大戦後、最初の実戦用機として部隊配備されたのが、写真のP-82E。B型との相違はエンジンで、よりパワーの大きいアリソンV-1710-143/145（1,930hp）に換装され、計150機つくられて、1948年３月より就役した。右下写真は飛行中のP-82E生産２号機。なお、左右機の乗員のうち、左側が機長、右側は副・操兼航法士である。

↑　勇躍出撃する夫を、敬礼で見送る妻とその子供２人、まるで戦争映画のワン・シーンのような感動的なショット。朝鮮戦争初期の1950年７月、梅雨空の福岡県・板付基地における光景である。機体は、第５航空軍隷下、第68全天候戦闘飛行隊のＦ-82G S/N46-357で、左側席の乗員が、妻子の見送る相手、ジョニー・ゴスネル大尉である。去る６月27日、ソウルの金浦飛行場上空で、北朝鮮空軍のYak-7を３機撃墜し、朝鮮戦争における米空軍最初の戦果を記録したのも、この68F（AW）SのＦ-82Gであった。

↑　地上員が車輪止めを払い、離陸に移らんとするＦ-82G。中央翼から突き出した巨大な筒が、SCR-720Cレーダーのポッドで、全天候型となったＦ-82F、Ｇの特徴である。なお、1948年６月、空軍機名称改訂により、戦闘機の接頭記号はＰからＦに変わったため、解説もこれに順じた。

Curtiss XP-37 カーチス XP-37

↑↓ XP-37は、P-40と同様に、P-36のエンジンを液冷のアリソンV-1710系に換装して、性能向上をはかるべく提案された機体であった。P-40と異なるのは、GE製の排気タービン過給器を併用し、高空性能を重点的に向上させようとした点にあった。そのせいで機首が長くなり、ラジエーターをエンジン直後の胴体側面に配置するなどした関係で、操縦席が尾翼の直前くらいまで後退してしまい、まるでエア・レーサーのような胴体形になつた。原型機は1937年4月に初飛行し、ひきつづき実用試験型YP-37が13機つくられたものの、排気タービン過給器の故障、前方視界の悪さなどもあって不採用になった。

セバスキー　XP-41　Seversky XP-41

← P-35の生産最終号機を改修し、エンジンをP&W R-1830-19（1、200hp）に換装、2段過給器を備え、主脚、風防なども再設計して、1939年度の次期新型戦闘機審査に臨んだのがXP-41。結局、不採用となったが、本機の経験を生かした次作、P-43の採用につながった。この後、セバスキー社はリパブリック社に改編されたため、XP-41はセバスキーの名を冠した最後の機体になった。

カーチス　XP-42　Curtiss XP-42

← XP-42も、カーチス社がP-36をベースに開発した発展型で、P&W R-1830-31（1、050hp）を搭載し、主として空冷エンジン機の機首まわりの空気抵抗を、どれだけ低くおさえられるかという点にポイントをおいていた。原型機は1939年3月に初飛行し、最高速度507km/hを出したが、エンジンの冷却不足、振動など問題が多く、1機だけの試作に終わった。

← 迷彩を施した後のXP-42。液冷エンジン機のように絞り込まれた機首と、大きなスピナーが目立つ。カウリングの上に開口するのは気化器、下面は潤滑油冷却用の空気取入口。

→（右2枚） 大戦直前ころのカーチス社は、陸軍戦闘機開発の中心メーカーの風格があり、試作機開発のテンポも急ピッチだった。そのカーチス社が、主力戦闘機P-40の後継を目指し、新型アリソンV-1710-39エンジン（1、150hp）を搭載し、12・7mm機銃×2、7・7mm機銃×8の重武装を備える強力な機体として提案したのが、XP-46である。陸軍も期待し、大戦勃発直後の1939年9月27日に、原型機2機を発注した。先に初飛行した（1941年2月）2号機をテストしたところ、重量が大幅に超過したせいで、性能は計画値を大きく下廻り、P-40Dに劣る有様だった。そのため、あえなく不採用となった。写真は、上が2号機（XP-46A）、下が1号機。

Bell XFM-1／YFM-1 Airacuda ベルXFM-1／YFM-1 エアラクーダ

↓ 1935年7月に創立されたベル社が、最初に手掛けた軍用機、それが、1936年度の長距離護衛戦闘機審査への応募機、XFM-1/YFM-1であった。個性の強いベル社作品らしく、排気タービン過給器を併用するアリソンV-1710-13エンジン（1,750hp）を推進式に搭載し、その左右ナセルの先端を37mm大口径機関砲の砲座とし、砲手2名は、非常時には主翼内を這って胴体内に移動したのち脱出するという、奇抜な設計であった。しかし、見るからに大型、鈍重な機体は、とても戦闘機として使える性能ではなく、原型機XFM-1、1機、実用試験機YFM-1、13機がつくられただけで、開発中止された。

ロッキードXP-49　Lockheed XP-49

↑〔上2枚〕1939年度の、双発迎撃機競争審査に際し、ロッキード社がP-38をベースにした機体を提案し、試作発注を取りつけたのがXP-49である。設計のポイントは、エンジンに2,000hp級のP&W X-1800、またはライトR-2160を予定し、操縦室を与圧キャビンとすることにあった。しかし、上記エンジンがいずれも開発中止となってしまい、コンチネンタルXIV-1430（1,600hp）にグレードダウンしたため、1942年11月に初飛行した原型機は、P-38よりも性能が低く、結局は不採用になった。

グラマンXP-50　Gramman XP-50

← 上記XP-49と同じ競争審査に、珍しくも海軍機メーカーのグラマン社が、双発艦戦XF5F-1を陸上機化して応募し、試作発注をうけたのがXP-50。少し延長された機首と、前車輪式降着装置が主な違いで、原型機は1941年5月14日初飛行に臨んだ。しかし、このときに排気タービン過給器から発火して墜落してしまい、そのまま不採用になった。

Vultee XP-54 Swoose Goose　バルティーXP-54スウースグース

1930年代末になると、各国の戦闘機設計者たちは、従来の牽引式形態レシプロ戦闘機は、空気力学上の問題により、700km/hを超えたあたりで、速度性能向上に限界がくることを予測した。これを打破するために、さまざまな形態の戦闘機が試作されたのだが、そのアメリカ陸軍版が、1939年12月に公布された次期新型迎撃機競争審査であった。応募した各社案の中から３社が選ばれ、それぞれXP-54、-55、-56の名称をあたえられて試作発注された。バルティー社の作品がXP-54。形態的には、推進式双ブーム型で、エンジンは、液冷ライカミングXH-2470-1（2,300hp)、主翼は逆ガル形にし、内翼前縁に冷却器を組み込んだ、きわめてラディカルな設計だった。計画では821km/h（!）の超高速を実現できるはずだったが、1943年１月に初飛行した原型機は、613km/hしか出ず、結局、エンジンの開発中止にともない、XP-54も自動的に消滅してしまった。

カーチスXP-55アセンダー　Curtiss XP-55 Ascender

斬新形態戦闘機の２番手XP-55は、主力メーカーのカーチス社作品で、アリソンV-1710-95エンジン（1,200hp）を、やはり推進式に装備したが、胴体の後方に主翼、前部に小翼を配置する、いわゆる〝エンテ型〟と称した形態にしていたのが特徴。この型式は、当時ドイツ、イタリアなどでも試作されており、のちに日本海軍でも局地戦闘機『震電』が採用して、大いに注目された。しかし、1943年１月に初飛行したXP-55は、操縦、安定性不良のために墜落、将来に予定していたP&W X-1800も開発中止となり、他に代替となるエンジンが無いこともあって、本機もまた試作だけで消え去った。同じエンテ型でも、日本海軍の『震電』に比べると空力的洗練度が低く、いずれにしろ、XP-55が在来形態にとって代わるほどの魅力がなかったことは確かである。

→1943年4月に完成した、1号機S／N41-786。上方垂直翼が無いが、このままでは方向安定不足となることが判明したため、背の高い垂直翼を追加し、同年9月にようやく初飛行した。

斬新形態戦闘機計画の3番手は、ノースロップ社設計のXP-56である。今日のアメリカ空軍ステルス爆撃機B-2をみてもわかるように、ノースロップ社は、会社創立以来、無尾翼形態にこだわり、一貫してその研究開発に打ち込んできた。したがって、XP-56もまた、無尾翼形態を採ったのも、ごく自然の成り行きといえる。ただ、一連の試作機の結果をみても、この無尾翼形態はレシプロエンジン機には不向きで、XP-56も、空冷P&W R-2800-29 (2,000hp) を搭載したため、必然的に冷却法が困難になり、重心位置が後方すぎて操縦、安定性に欠け、とても実用戦闘機としては使えないことを確認しただけの存在に終わった。

↑→最初から上方垂直翼を付け、重心位置を修正するなどの改修を施して完成した2号機S／N42-38353。トルク打ち消しのため、2重反転式プロペラを装備している。主翼は、外翼に下反角がつけてある。

ロッキードXP-58チェインライトニング　Lockheed XP-58 Chain Lightning

XP-58は、その通称名からもわかるように、1940年４月、陸軍航空隊がロッキード社に要求した、Ｐ-38の性能向上型として開発したものである。エンジンは、同時期の斬新形態戦闘機計画と同じく、P&W X-1800を予定し、排気タービン過給器の併用により、700km/h以上の高速を出す計画であった。しかし、X-1800が開発中止となったため、ライトＲ-2160（2,350hp）、さらにはアリソンＶ-3420（2,600hp）と搭載エンジンが変わり、そのつど重量は増加、地上攻撃機への転用、ふたたび大口径砲（75mm、または37mm）装備の高々度迎撃戦闘機に戻るなど、計画は２転、３転した。結局、原型機は1944年６月になってようやく初飛行したが、総重量17トンに肥大した機は、もはや戦闘機としては使えず、性能も低いため、開発中止となった。

➡XP-60の各部を小改修し、ロールスロイス〝マーリン61〟エンジンを搭載したXP-60D。外見だけ見ると、機首をのぞき、P-40にきわめて似ている。

XP-60は、もともと1940年10月に発注された、XP-46の発達型XP-53が、搭載エンジンのコンチネンタルXIV-1430-3（1,250hp）の開発中止により、イギリス製ロールスロイス〝マーリン〟に換装することになり、名称を変更した機体である。本機の設計上のポイントは、層流翼断面の主翼と、その翼内に装備する12.7mm機銃8挺の重武装であった。原型機は1941年9月に初飛行し、623km/hの最高速度を示したことから、陸軍は生産型P-60Aを1,950機も発注した。しかし、各種装備を施して重量が増加すると、馬力不足により性能低下することが予測されたため、空冷のP&W R-2800エンジン（2,000hp）搭載に変更した、XP-60C、D、Eがあいついで試作された。だが、結局は、同じエンジンを搭載したP-47にはとうてい及ばず、量産の価値なしと判定されて開発は中止、先のP-60A発注もすべてキャンセルされた。

➡エンジンを空冷P&W R-2800-10（2,000hp）とし、XP-60Cが2重反転式プロペラを装備していたのに対し、1枚の4翅プロペラに替えたXP-60E。しかし、層流翼断面はともかく、1943年5月初飛行の機体にしては、設計的な冴えがまったく感じられない、凡庸なスタイルで、性能が低かったこともむべなるかなという感じだ。

➡P-60系の最後の試作機となったYP-60E。風防を水滴状に変更するなど、いくらかの手直しが加えられているが、注目すべきほどの効果はなく、1機つくれたのみ。

戦前から陸軍戦闘機メーカーの名門として君臨してきたカーチス社も、P-40以降、戦闘機設計の進歩についてゆけず、いくつかの試作機もことごとく不採用に終わった。そのカーチス社が一縷の望みを託し、B-29が搭載したのと同じ、怪物のような大型エンジン、ライトR-3350-17（2,300hp）をもちい、20mm機関砲8門、または12.7mm機銃12挺の重武装、与圧キャビンを備える高性能戦闘機として、1943年7月に初飛行させたのがXP-62であった。最高速度は、高度8,000mにて753km/hと計算されたが、写真に見られるごとく、XP-60と同様の、空力的洗練をまったく欠いた凡作で、性能は問題外の低さであった。そのため、ろくに飛行テストもされないまま放置され、本機を最後に、カーチス社製陸軍戦闘機は消滅した。

←〔左2枚〕XP-62の外観をつくづく眺めると、カーチス社の設計スタッフが、1930年代の設計感覚からほとんど進歩していなかったことがよくわかる。R-3350エンジンはたしかに巨大だが、何の工夫もなく慢然とこれを包み込んだ機首まわりは、同じ空冷2、000hp級エンジンを搭載した、海軍のグラマンF7F、F8Fのそれと比較すると格段の差がある。主翼幅は16m、面積39m²という双発機並みのサイズで、総重量6・6トンの機体に、戦闘機らしい機敏さをもたらすのは無理であった。風防も、この時期としては水滴状が当然で、絞まりがなく尾翼につながる胴体後部の印象が悪い。

Mc Donnell XP-67 Bat

マクダネルＸＰ-67バット

大戦後、ジェット時代になって、海軍、空軍機の多くを手掛け、アメリカ有数の航空機メーカーとなるマクダネル社も、大戦中は創立（1939年７月）間もない新興メーカーということもあって、制式軍用機を生み出すには至らなかった。しかし、軍用機設計は積極的に行ない、1941年、陸軍に提案したモデル２ａ双発戦闘機が認められ、同年７月に発注をとりつけたのがＸＰ-67である。戦後にもＦ-101、Ｆ-４といった奇抜な設計機を生み出すマクダネル社らしく、ＸＰ-67も、主翼と胴体、ナセルを滑らかに融合させたような、平面図でみると、コウモリを連想させる奇抜な形態を採っていた。通称名もズバリ、〝バット〟（コウモリ）と名づけられた。原型機は1944年１月に初飛行したが、奇抜な形態が災いし、エンジン冷却不足、操縦性の悪さ、失速、錐揉の傾向など問題が多く、あえなく不採用になった。

→　飛行中のＸＰ-67原型１号機。従来の双発戦闘機形態の概念を超えた、斬新というか、奇抜なスタイルがよくわかる。エンジンは、新型の液冷コンチネンタルＸＩ-1430-17/19（1,350hp）だが、ナセル左右の主翼前縁部に開口した狭い冷却空気取入口のせいで、冷却不足をきたした。

→　飛行中の１号機を真上より見る。〝バット〟の通称名が納得できよう。本機の胴体、主翼、ナセルの融合法は、のちのブレンデッド・ウイング・ボディと称した、ジェット機の設計法と基本的には同じ思想で、その意味では先進的といえた。

リパブリックＸＰ-72　Republic XP-72

Ｐ-47のエンジンを、４列28気筒（！）という怪物のようなＰ&Ｗ Ｒ-4360〝ワスプメジャー〟(3,450hp)に換装し、胴体を再設計したのがＸＰ-72である。最高速度は789km/h（！）にも達し、初期のジェット戦闘機に匹敵する超高速だった。原型機は1944年２月に初飛行し、陸軍は、本機をＶ-１飛行爆弾の迎撃に使うつもりで、限定100機の生産を発注したが、ヨーロッパ戦の終局が見えたこと、ジェット戦闘機が就役し始めたことなどにより、キャンセルされた。写真上は１号機、下は３翅２重反転プロペラに換装した２号機。ＸＰ-72のような機体を知ってしまうと、当時の日本、ドイツのレシプロ戦闘機は、みな色褪せて見えてしまう。

Fisher XP-75／P-75 Eagle　フィッシャーXP-75/P-75イーグル

フィッシャーという聞き馴れないメーカーは、海軍機のライセンス生産を担当していたジェネラル・モータース社の一部門で、陸軍向けに自社開発した唯一の機体、それがＰ-75である。最高速度708km/h、航続距離4,000km（!）という、ハイ・レベルの性能を要求された、1942年度の長距離護衛戦闘機計画への応募機であった。エンジンは、液冷アリソンＶ-1710を２基結合した、双子式のＶ-3420（2,600hp）を胴体中央部に搭載し、延長軸により２重反転式プロペラを駆動するという斬新な設計だった。もっとも、開発期間短縮のため、外翼はＰ-40、主脚はＦ４Ｕ、尾脚はＡ-24のそれを流用する、寄せ集め的な部分も多い。原型機は1943年11月に初飛行し、2,500機の生産型Ｐ-75Ａが発注されたが、その後のテストでは速度、上昇性能が思ったほど向上せず、結局、生産型３機が完成したところで、キャンセルされてしまった。

➡〔右2枚〕飛行中のXP-75 1号機。上写真の生産型P-75A-1と比較すると、風防、尾翼などにかなりの違いがある。単体の液冷高出力エンジンが望めないとき、既存のものを2基結合し、双子式エンジンにして補うという手法は、アメリカにかぎらず、当時の各国でも多く試みられた。しかし、冷却の困難さ、機械的なトラブルなどは避けられず、成功した機体はほとんどない。P-75のキャンセル理由は低性能によるものだが、双子式エンジンに問題はなかったのだろうか?

ＸＰ-77もまた、個性派ベル社の作品らしい機体で、アルミ合金を節約するため、内部構造材のほとんどを木製とし、外板のみをジュラルミン鈑とした、超小型の簡易戦闘機であった。エンジンは、出力わずか520hpの空冷倒立Ｖ型12気筒レンジャーＸＶ-770-６で、計算では高度8,000mにて660km/hを出せるとされていた。しかし、エンジン開発の遅れから、原型機の初飛行は1944年５月になってしまい、このころには、本機のような簡易戦闘機を必要とする理由も見当たらなくなり、結局、２機の試作のみで計画はキャンセルされた。概して、大型、大重量、デラックスが通り相場のアメリカ戦闘機界にあって、ＸＰ-77はきわめて異色の存在だった。

←地上に繋止された、ＸＰ-77の原型１号機。操縦室風防と比較すればわかるように、本機のサイズは、全幅約８メートル、全長約７メートルにすぎず、総重量もわずか１・６トンのミニ戦闘機だった。

←飛行中のＸＰ-77原型２号機。操縦室はかなり後方に位置しており、前方視界が悪そうだが、当時としては進歩的な、前車輪式降着装置を採用していたので、離着陸にはさほど影響しなかったのだろう。

Curtiss-Wright CW-21 Demon　カーチス・ライトCW-21ディーモン

→ カウリング・パネルを全開した状態のCW-21を正面から見る。エンジンの上部に12.7mm、7.7mm銃各1挺を装備した。主脚は後方に引き上げ、半分ほど収納した状態で、カバーにより覆った。

↓ 飛行中のCW-21B。オランダ領東インド空軍に輸出されたのはこの型で、主脚が内側に完全引込式となり、カウリング下面も整形されるなどの改修が加えられている。

CW-21は、その接頭記号からして、アメリカ陸軍航空隊向けの戦闘機ではなく、カーチス・ライト部門が、輸出向けに開発した、単座軽戦闘機である。エンジンは、空冷ライトR-1820-G5（1,000hp）を搭載し、胴体後部を極端に細く絞り込んだ、ユニークなスタイルが特徴だった。原型機は1939年1月に初飛行し、中華民国から3機、オランダ領東インドから24機注文をうけ、後者は1940年末にかけてジャワ島に到着した。これらは、太平洋戦争開戦から2ヵ月後、来襲した日本海軍機を迎撃したが、性能的に零戦の敵ではなく、2〜3日の戦闘でほとんど壊滅してしまった。

ジェット戦闘機

Army Jet Fighters

ベルP-59エアラコメット　Bell P-59 Airacomet

↑　カリフォルニア州の砂漠上空をテスト飛行する、XP-59Aの1機。機首にプロペラがあれば、レシプロ機と何ら変わらない平凡な外形である。

ジェットエンジンの開発面において、ドイツ、イギリスに遅れをとったアメリカは、1941年にイギリスからホイットル遠心式ターボジェットの資料を提供してもらい、ジェネラル・エレクトリック社にそのライセンス生産を指示するとともに、陸軍航空隊は、そのホイットルエンジンを搭載する、アメリカ最初のジェット戦闘機として、ベル社に3機のXP-59Aを試作発注した。本機は、ライセンス生産したGE タイプI-Aエンジンを、主翼付根の胴体内部に2基納め、同前縁部左右に空気取入口を設けた。機体そのものは、レシプロ機と変わらぬオーソドックスというか、ごく平凡な外形とした。しかし、1942年10月に初飛行した原型1号機は、エンジン推力の弱さ(635kg)、機体設計の平凡さなどにより、最高速度はレシプロのP-47より遅く、他の性能も低かったため、将来のP-80就役に備え、ジェット戦闘機パイロットの訓練機として、50機が限定的に生産されただけにとどまった。

←　テスト飛行に備え、整備中のXP-59A第3号機S/N42-108786。プロペラが無いので、主脚が極端に短く、エンジンを収容した胴体中央部下面と地上とのクリアランスはきわめて小さく、地上員はエンジンの整備、点検時は、写真のように這いつくばらなければならなかった。

→ 飛行中のＸＰ-59Ａ、またはＹＰ-59Ａを真下から見たショット。本機の平凡な外形が一目瞭然である。３機のＸＰ-59Ａにつづいて、計13機発注された実用試験型ＹＰ-59Ａは、エンジンをＧＥ Ｉ-16（推力748kg）に更新し、速度が少し向上したが、それでもレシプロのＰ-47には及ばない658km/hにとどまった。

↓ 編隊飛行する、ベル社戦闘機トリオ。手前よりＰ-59Ａ、Ｐ-63Ａ、Ｐ-39Ｑ。Ｐ-59Ａは、生産型の１号機で、ＸＰ-59Ａに比較し、垂直尾翼形状が変化している。なお、50機発注されたＰ-59Ａのうち、後半の30機は、外翼内に燃料タンクを追加し、Ｐ-59Ｂとなった。

ノースロップXP-79Bフライング・ラム　Northrop XP-79B Flying Ram

無尾翼形態に執着するノースロップ社は、1943年１月に、陸軍からロケットエンジンを搭載するＸＰ-79を３機受注することに成功したが、肝心のロケットエンジンの完成見込みがなくなったため、新たにターボジェットエンジン――ウエスチングハウス19Ｂ（推力619kg）――２基を搭載するＸＰ-79Ｂに計画変更された。本機は、その形態もさることながら、クリーンな主翼前縁をカミソリ代わりにし、敵爆撃機に体当たりし、機体を切断してしまうという、前例のない用法を採ることにしていた点が驚きだった。日本やドイツならいざ知らず、人命第一を建前とするアメリカらしからぬ〝特攻機〟のような機体である。１号機は、大戦終結直後の1945年９月12日に初飛行に臨んだが、突然、錐揉状態に陥って墜落・大破してしまい、そのまま計画も自然消滅した。

↑〝カリフォルニア上空を飛行中のＸＰ-79Ｂ〟と解説したいところだが、実際には初飛行時に墜落してしまったため、空撮写真は残されておらず、これは地上駐機中の写真と町なみ写真を合成したもの。

←〔左２枚〕　ノースロップ社工場で完成した直後のＸＰ-79Ｂ。形態、用法が奇抜なだけではなく、本機の構造材はアルミ合金ではなく、体当たりの衝撃に耐え、〝カミソリ〟の切れ味を鋭くするために、マグネシウム合金製としていた。パイロットは、左右エンジンに挟まれた前縁部に、腹這い状態で搭乗し、強いＧと体当たりの衝撃に耐えることにしていたというのだから恐れ入る。４車輪式降着装置にも注目。

Lockheed P-80 Shooting Star **ロッキードP-80シューティングスター**

↑ カリフォルニア州の砂漠地帯上空をテスト飛行する、P-80A S/N44-85004。主翼端に落下増槽を懸吊するという、1950年代ジェット戦闘機の定番スタイルを確立したのは本機である。レシプロ機と変わらぬ直線テーパー主、尾翼だが、全体的な洗練度は、後退角付き主翼をもつドイツ空軍のMe262よりもむしろ高く、単発と双発の違いはあるにせよ、P-80のほうが性能も優れ、もし、Me262と空中戦を交えていれば、本機が圧倒的に勝利したであろう。P-80をみて思うことは、航空技術上の先進は、アメリカのように工業技術力基盤が強固な大国に対しては、ドイツなどがたとえ数年の差をつけていても、優れた設計者の手にかかれば、短期間で容易に追い付かれてしまうということ。

わずか5ヵ月で誕生した傑作ジェット戦闘機

野原 茂

アメリカ最初のジェット戦闘機ベルP-59が、まったくの期待はずれとなったことに焦りを感じた陸軍は、同機の改良型XP-59Bの基礎資料をそっくりロッキード社に移譲させ、1943年6月、改めてXP-80の名称で試作発注した。この時の付帯条件はきわめて厳しく、180日以内に原型機を完成させることになっていた。

戦後、F-104、SR-71などを生み出す、天才的設計者ケリー・ジョンソンを主務者とするスタッフは、夜を日につぐ突貫作業の末、期限より1ヵ月も早く、1943年11月に原型XP-80 1号機を完成させた。XP-80Aは、イギリスのデハビランド〝ゴブリン〟遠心式ターボジェットエンジンを、GE社が改良・国産化したI-40（推力1、814kg）1基を胴体後部内に納め、左右主翼付根前縁に空気取入口を設けた、きわめてシンプル、かつ洗練されたスタイルだった。

翌年6月に初飛行したXP-80Aは、最高速度903km/h(!)を記録、ジェット機開発で先行していたイギリス、ドイツを、一夜にして凌駕する高性能戦闘機が誕生したことに、陸軍航空隊は驚喜した。ただちに、生産型P-80Aが1、000機も量産発注されたが、実用試験型YP-80Aの2機が、イタリアに送られて実戦出撃を開始したところでドイツが降伏、3ヵ月後には日本も降伏して第二次大戦が終結してしまったため、空中戦でその高性能を示す機会がないまま終わった。

← 大戦後の1947年ごろ、見事な梯形編隊飛行を披露する、第94戦闘飛行隊所属のP-80B-5。大戦に間に合わなかったP-80だが、戦後は、P-47、-51の両レシプロ戦闘機と交代して、急速に主力機の座につき、アメリカ陸（空）軍最初の実戦用ジェット戦闘機の栄誉に浴した。

↓ 険しい山岳地帯上空を、無塗装ジュラルミン地肌を輝かせながら飛行するF-80C。C型は、A型664機、B型240機につづき、1948年から49年にかけて計798機つくられた。P-80は、大戦に間に合わず、朝鮮戦争時にはすでに旧式化していて、実戦における戦闘機としての目覚しい戦果には恵まれなかったが、本機の存在価値は、空軍にとって、のちに傑作練習機T-33の母胎となったこととあわせ、計り知れないほど大きかった。

↑ B-29に随伴して日本本土に進攻できる、長距離護衛戦闘機計画に応募し、試作受注したコンベア社（旧バルティー社とコンソリーデーテッド社が合併して創立）の作品がXP-81。離陸、上昇、空戦時はGE J33ターボジェット（推力1,700kg）、巡航時は燃費の低いGE T-31ターボプロップエンジンを使用するという、初期のジェット機にいくつかみられた、混合動力機であった。しかし、1944年2月に初飛行した原型機は、予定した性能を大幅に下廻り、そうこうするうちに第二次大戦も終結してしまったため、XP-81の開発は中止された。写真は、砂漠地帯上空をテスト飛行中のXP-81 1号機。

Convair XP-81 コンベアXP-81

ベルXP-83 Bell XP-83

↓ アメリカ最初のジェット戦闘機P-59のメーカーという栄誉に浴しながら、同機の低性能、改良型XP-59Bのロッキード社への移譲命令という屈辱を味わったベル社が、XP-59をひと廻り大型化し、GE J33ターボジェットエンジン（推力1,700kg）双発により、速度、航続距離を大幅に向上できる機体として、1944年3月に試作受注したのがXP-83である。しかし、P-59と似た外形の機体は、空気力学的に平凡で、1945年2月に初飛行した1号機も、P-80ほどの性能上の冴えはみられず、第二次大戦終結にともない、原型機2機がつくられただけで開発中止となった。写真は1号機。

海軍戦闘機

Navy Fighters

F4U-1A

グラマンF3F

↓　Ｆ３Ｆ－１のエンジンを、ライト R-1820-22（950hp）に換装し、性能向上をはかったＦ３Ｆ－２。81機生産され、1937年12月から就役した。写真は、海兵隊第２戦闘飛行隊所属機。複葉機でありながら引込式降着装置を有するのは、当時としてもめずらしかった。Ｆ２Ｆ、Ｆ３Ｆは、第二次大戦開戦当時も一部が第一線部隊にとどまっており、すべて退役したのは1941年末のことである。ＦＦ－１～Ｆ３Ｆを通した生産数は計243機。

↑　今日のF-14“トムキャット”がそうであるように、1930年代なかば以降、アメリカ海軍の艦上戦闘機といえばグラマン社機が代名詞であった。そのグラマン社が、海軍のために自社設計した最初の機体が、1931年初飛行のＦＦ－１複座艦上戦闘機で、幸運にも制式採用され、1934年には、本機を単座化し、各部を洗練したＦ２Ｆも制式採用、これによって、グラマン社の海軍戦闘機メーカーとしての地歩が固まった。そして、1935年には、Ｆ２Ｆをさらに洗練したＦ３Ｆが採用され、1938年はじめには、海軍、海兵隊戦闘飛行隊のすべてが、これらグラマン複葉艦上戦闘機で占められるに至ったのである。写真は、54機生産されたＦ３Ｆ－１。すでに、これら一連の複葉機から、太い胴体のグラマン・スタイルが定番になっていた。

ブリュースターF2A"バッファロー" Brewster F2F Buffalo

↑ 1935年度の次期新型艦上戦闘機審査に応募し、グラマン社のＸＦ４Ｆ-１、セバスキー社のＸＦＮ-１を退けて制式採用を勝ち取った、ブリュースター社のＸＦ２Ａ-１。グラマン社艦戦と同様の太短い胴体に、直線テーパー主翼を中翼型式に取り付けた、お世辞にもスマートなスタイルとは言い難い機体であるが、海軍最初の全金属製単葉艦戦として、それなりに採用される価値はあった。

↓ 54機発注された最初の生産型Ｆ２Ａ-１につづき、エンジンをライト R-1820-34（940hp）からR-1820-40（1,200hp）に更新して性能向上をはかった、Ｆ２Ａ-２が1940年９月から就役した。Ｆ２Ａ-２の最高速度は520km/hで、当時、実戦デビューした日本海軍の零戦とほぼ同程度であったが、空気力学的洗練度の差、総重量の違い（Ｆ２Ａ-２のほうが800kgも重かった）により、上昇、空戦性能などは格段に劣っていた。

↑　全面ライトグレイの明るい迷彩を施して飛行する、第201索敵飛行隊所属のＦ２Ａ-２。Ｆ２Ａ-２は、もともと、54機発注されていたＦ２Ａ-１が、ソビエトに侵略されたフィンランドを援助するために43機も輸出されてしまったため、その穴埋めとして発注されたもので、生産数はその分の43機だけにとどまった。

F2A バッファロー試乗記

元陸軍少佐　荒蒔義次

第二次大戦前のアメリカ海軍に採用されたバッファロー艦上戦闘機は、あまり評判はよくなかったが、開戦当時はイギリス、オランダ、オーストラリアへの輸出機がマレーやジャワ島の防備についていた。しかし、開戦になるや隼や零戦のエジキとなり、またたく間に壊滅してしまった戦闘機である。

機体の外形は、アメリカ海軍式のズングリムックリ型で、大きなライト・サイクロン空冷エンジンをつけ前方視界はわるく、ちょっと二式単戦に似た感じがしたが、着陸時は沈みが適当にあって、それほど頭の大きいのが気にならなかった。

また低速時の舵の利きもよく、思った地点にすなおに接地するので、さすがに艦上機として設計しただけのことはあると感服した。

この着陸操縦がすこぶる容易であったのは、その他の点の「出来の悪さ」にくらべると、意外なほどであった。

エンジンは、やはりサイクロンだけあって、日本の空冷よりもいやな振動がなく、故障のすくないことをうなずかせた。

操縦室内は、計器や諸操縦系統など雑然としていて、なんだか過渡期時代の飛行機を思わせるものがあった。

胴体が太いせいもあるが、座席床は広くあいて、座席上げの状態にすると、まるで二階から飛行機を操縦しているような感じがして、驚かされたものである。

だいたい操縦性は、戦闘機としてはすこし鈍重の方かも知れない。敵機にむけて突進すると沈みがちで、よほどレバーを入れて突進しないと直進できない。

しかし、高速一撃離脱には、かえってもってこいかも知れない。マレーの空中戦では、全速急降下で離脱されると、隼や零戦では追いつこうにも追いつけぬ、手をやかせる性能をもっていた。

← 1942年はじめ、真珠湾攻撃の衝撃がまだ醒めやらぬ、ハワイのオアフ島エワ飛行場の掩体内で、燃料補給中の海兵隊第221戦闘飛行隊所属のＦ２Ａ-３。Ｆ２Ａ-３は、バッファローの最終生産型で、1941年１月に計108機発注され、海兵隊はＶＭＦ-211、221の２個飛行隊が本型を装備した。写真のＶＭＦ-221は、このあとミッドウェー島に移動し、1942年６月の日本海軍艦載機による同島空襲の際に迎撃出動するが、零戦の敵ではなく、１日で20機が撃墜・撃破され、あえなく壊滅してしまう。

←↓ イギリス、オランダ、オーストラリアに輸出され、マレー半島、蘭印（現インドネシア）に配備されていたものもふくめ、太平洋戦争緒戦期に、日本陸、海軍の一式戦、零戦を相手にして、ほとんど一方的に敗北したバッファローは、1942年６月のミッドウェー海戦を最後に第一線から退けられ、アメリカ本土に残った各機は、高等練習機として余生を送ることになった。写真は、フロリダ州のマイアミ飛行場を根拠地にした訓練部隊に配備されたＦ２Ａ-３。結局、アメリカ海軍、海兵隊が使用したＦ２Ａ系は、全部でも162機にすぎなかった。

Grumman F4F
Wildcat

グラマンF4F〝ワイルドキャット〟

↑　グラマン社が、Ｆ３Ｆの後継機となるべき、1935年度の次期新型艦上戦闘機審査に応募した機体ＸＦ４Ｆ－１は、旧態然とした複葉型式であったため、海軍はライバルのブリュースターＸＦ２Ａ－１と同レベルの、単葉型式に再設計するよう命じ、1937年９月に初飛行したのが、写真のＸＦ４Ｆ－２。単葉型式になっても、グラマンの定番である太い胴体は相変わらずで、ＸＦ２Ａ－１とよい勝負であった。

↓　エンジン、機体各部のトラブルもあって、ＸＦ４Ｆ－２はＸＦ２Ａ－１に敗れ、不採用になったが、機体設計そのものは悪くないと判断した海軍が、1938年10月に改めて試作発注したのが、写真のＸＦ４Ｆ－３。エンジンは、実用性の高いＰ＆Ｗ R-1830-76（1,200hp）に換装され、機体も、上写真のＸＦ４Ｆ－２と比較すればわかるように、胴体、主脚をのぞいて、全面的に再設計されている。

← 1939年2月に初飛行したXF4F-3は、その後、テストを消化する過程で、不具合箇所を徐々に無くし、海軍側の信頼を得てゆく。写真は、前ページ下の完成直後に比較し、スピナーを廃止するなどの改修が加えられた状態。

↑ グラマン社の執念が効を奏したと言うべきか、XF4F-3は、最高速度537km/h、海面上昇率853m/分、実用上昇限度10,670mを記録、ほとんどの性能面でF2A-1を凌駕したことから、海軍は1939年8月、グラマン社に対し、生産型F4F-3を54機発注した。写真はその1号機で、風防前面に望遠鏡式射撃照準器を備え、機首上部にも12.7mm機銃2挺を装備しているなど、のちの標準仕様とは異なった部分もある。

↓ 1942年はじめ、空母『ホーネット』に搭載されていた、第8戦闘飛行隊所属のF4F-3。日本との緊張が高まったことをうけ、アメリカ海軍はグラマン社にF4F-3の量産を急ぐよう指示するとともに、その配備を急いだが、1941年12月、太平洋戦争が勃発した時点において、海兵隊3個をふくめても10個飛行隊に計297機が就役していただけで、ライバルの零戦約500機に対し劣勢は免れなかった。

↑　1942年夏、ソロモン戦域に出現した、日本海軍の二式水戦（零戦を水上機化したもの）に刺激をうけたアメリカ海軍は、これに倣いＦ４Ｆ-３の水上戦闘機化を計画、フロート設計・製造メーカーのエド社に命じて、原型機の製作を行なわせた。写真が、Ｆ４Ｆ-３Ｓと呼称された原型機で、車輪を廃止し、フロート２本を頑丈な支柱で固定してある。しかし、二式水戦と違ってみるからに鈍重そうで、テストの結果もかんばしくなく、そうこうするうちに、南太平洋戦域における状況が好転して水上戦闘機の必要性もなくなったため、試作１機で開発中止された。

↓　第二次大戦が勃発し、近代的艦上機不在の現状を憂慮したイギリス海軍は、アメリカから手当たりしだいに各機種を購入した。その中には、当然、Ｆ４Ｆもふくまれており、最終的にじつに約1,000機（!）もの多数が引き渡されることになった。写真は、〝マートレットＭＫ．Ｉ″の名称を付与された最初の購入型で、アメリカ海軍仕様のＦ４Ｆ-３の機体に、単列９気筒のライトR-1820-40エンジンを搭載し、ハミルトン・スタンダード製プロペラを組み合わせたのが主な違い。1940年８月～10月にかけて、計81機が引き渡された。

零戦対グラマン戦闘機射撃兵装の優劣

零戦の機銃は、終始二〇ミリ機銃×2、七・七ミリ機銃×2で、最後の五二丙型だけは一三ミリ機銃×3を追加して、七・七ミリ機銃をのぞいたが、五二丙型は艦戦としてはほとんど使われなかった。

この二〇ミリ主力主義の日本に対して、アメリカの戦闘機は、これまた一二・七ミリ機銃一点ばりで、太平洋上、まさに二〇ミリ機銃対一二・七ミリ銃の戦いが三年半もつづいたことになる。

二〇ミリ銃の弾丸は、当たれば威力を発揮するが、七・七ミリ銃と同じように射程距離がみじかいから、近接戦にもっていかなければ不利である。また発射速度がおそくて、有効弾を送るチャンスの少ない格闘戦では、パイロットにもそれ相当の特技が必要なことになる。

これに対してグラマンF4Fは一二・七ミリ銃×4〜6、F6Fは一二・七ミリ銃×6で、発射速度、射程、搭載弾数ともに二〇ミリ銃×2の零戦よりすぐれ、とくに遠距離からの掃射による「下手な鉄砲も数うちゃ当たる」式の戦法にむいていたわけである。つまり名人芸を必要としない。

防弾装備の整っていたF4F、F6Fに対して、七・七ミリ銃はあまりききめはなかったから、グラマンが撃墜されるときは機体に風穴をあけられて落ち、零戦がやられるときには、全身蜂の巣のようになるか、または火だるまとなって落ちた。

↓ 1942年10月24日、空母『エンタープライズ』の飛行甲板上で、発艦に備える第10戦闘飛行隊（VF-10）所属のF4F-4。整備員が、総出で主翼の展張作業を行なっている。当初、この折りたたみを油圧装置で行なおうとしたが、生産工程、整備上の簡易化、重量増加をおさえるために、手動操作に変更された。この写真の撮影から2日後、エンタープライズ搭載機は、日本海軍の空母『翔鶴』『瑞鶴』を基幹とする機動部隊と、南太平洋海戦（アメリカ側ではサンタクルーズ沖海戦と呼称）を交えることになる。

↓　太平洋戦争初期、零戦を先頭に立てて快進撃をつづける日本海軍航空部隊に対し、アメリカ海軍は防戦一方だったが、そんな苦しい状況のなかで、零戦の弱点を探し、性能的に劣るＦ４Ｆでも、対等以上に戦える空戦法を編み出し、これが、やがてガダルカナル島攻防戦以降、アメリカ戦闘機隊が優位に立つ状況へと導いてゆくことになった。その新戦術の考案者が、写真のＦ４Ｆ-３の手前機に搭乗した、第３戦闘飛行隊（VF－3）司令官、ジョン・サッチ少佐である。〝サッチ・ウィーブ〟と呼ばれた空戦法は、つねに２機が１組となって行動し、たがいにカバーし合いながら、高度差をつけて零戦を攻撃し、いっぽうで追尾されるのを防ぐというもの。ちなみに、写真の後方機に搭乗しているエドワード・オヘア大尉も、このサッチ・ウィーブを効果的に実践し、エースとなったパイロットである。

←　主翼を折りたたんだ状態のＸＦ４Ｆ-４を正面より見る。艦上機にとって、主翼折りたたみは必須の条件であるが、日本海軍機もふくめ、ほとんどの機体が外翼を単純に上方へ折りたたむ方式を採ったのに対し、グラマン艦上機は、Ｆ４Ｆ-４以降、Ｆ６Ｆ、ＴＢＦの３機種とも、写真のように、付根近くから、後方に折りたたむ方式を採った。この方式は、生産工程の手間がかかり、重量面でもマイナスだが、空母格納庫内での占有スペースは格段に小さく、搭載数の増加、ひいては戦力増強という面で大いにメリットがあった。

↙〔左下〕　太平洋戦争の戦勢転換点となった、ソロモン航空戦の初期、ガダルカナル島上空を舞台にした戦いで、中心的役割を果たした、海兵隊戦闘機隊、いわゆる〝カクタス空軍〟の１隊として勇名を馳せた、第223戦闘飛行隊（VMF-223）のＦ４Ｆ-４。歴戦の武勲機で、操縦室横には、日本海軍機19機撃墜を示す、旭日旗のスコア・マークが記入されている。何人かのパイロットがかわるがわる搭乗して記録した合計戦果と思われ、VMF-223の司令官で、19機撃墜のエースでもある、ジョン・スミス少佐も搭乗した。

➡護衛空母『サンティー』（ACV-29）に搭載され、1942年9月～43年2月にかけて、大西洋方面を行動した、第29護衛空母戦闘飛行隊（VGF-29）所属のF4F-4。大西洋方面でのアメリカ海軍護衛空母の任務は、ドイツ海軍の"Uボート（潜水艦）狩り"で、F4Fも、対航空機相手の空中戦にはほとんど遭遇しなかった。

➡胴体尾端からフックを垂らし、空母への着艦アプローチに入ったF4F-4。胴体に取り付けた関係上、本機の主脚はトレッドが狭く、艦上機としては着艦時の安定性に欠けていた点は否めない。そのせいか、事故による損失率もかなり高かったようだ。

➡アメリカ本土の訓練部隊に所属した、F4F-4による見事な梯形編隊ショット。速度、運動性、上昇性能などで零戦に劣ったF4Fだが、戦術の巧みさと、地上早期警戒レーダーの効果的な支援などもあり、ガダルカナル島をめぐる戦いでは、日本海軍機を相手に優位を保ち、最終的にソロモン航空戦に勝利する基盤を固めた。

↓ 全面を大戦末期の標準塗装である、グロス・シーブルーに塗った、海兵隊戦闘飛行隊のFM-2。FM-2は、結局、1945年5月の生産終了までに、合計4,777機（!）もつくられ、F4F/FM系を通した全生産数7,251機の、じつに65.8パーセントを占めた。アメリカ工業力の凄まじさを見せつけられる。F6Fが正規空母部隊に充足したあとも、FM-2は護衛空母部隊にとどまり、太平洋戦争終結まで活躍しつづけた。

↑ 1944年10月、護衛空母『サンティー』（CVE-29）上空を哨戒飛行する、第26戦闘飛行隊（VF-26）所属のFM-2。FM系は、後継機F6Fの量産に専念することになったグラマン社にかわり、ジェネラル・モータース社のイースタン航空機部門が肩替わり生産したF4Fで、F4F-4に相当するのがFM-1、F4F-8を量産化したのがFM-2である。

Chance-Vought F4U Corsair チャンス・ボートF4U〝コルセア〟

←↓ アメリカ海軍最初の2,000hp級戦闘機として、絶大な期待を担って登場したF４U〝コルセア〟。写真は、1940年５月に初飛行した原型１号機XF４U-１。主翼が、正面から見て〝く〟の字に屈折する、いわゆる〝逆ガル翼〟の奇抜な形態は、多くの人々に驚きの声をあげさせた。この前例のない特異な主翼は、とりもなおさず、P&W R-2800エンジンのパワーを効率よく発揮するために組み合わせた、大直径（４m／）のプロペラと地面とのクリアランスを確保するために、長くなる主脚をできるだけ短くおさえる必要上、止むを得ず採用した、いわば苦肉の策であった。その苦労の甲斐あって、XF４U-１の最高速度は652km/hに達し、アメリカ戦闘機として、初めての400マイル（644km/h）突破機の栄誉に浴した。

XF4U-1
1443

➡〔右2枚〕　XF4U-1の高性能を確認した海軍は、ただちにチャンス・ボート社に対し、生産型F4U-1を548機発注した。写真は、コネチカット州ハートフォードの同社工場におけるF4U-1の生産風景だが、最終組み立てラインが1列しかなく、この時期は、まだアメリカの巨大なマス・プロ能力の凄まじさは伝わってこない。

➡　完成したばかりのF4U-1のオフィシャル・フォト。原型機と生産型F4U-1の間には、じつはかなりの大変更が加えられており、結果的には、これによって本機のその後の運命も大きく変わってしまう。その最大の変化は、主翼内武装の強化にともない、燃料タンク・スペースが無くなったため、このタンクをエンジン後方の胴体内に移したこと。必然的に操縦室は後退させられ、艦上機にとって生命線ともいうべき、離着艦時の前下方視界が悪化した。そのため、F4U-1は空母機として失格し、当面は陸上戦闘機として配備されることになったのである。

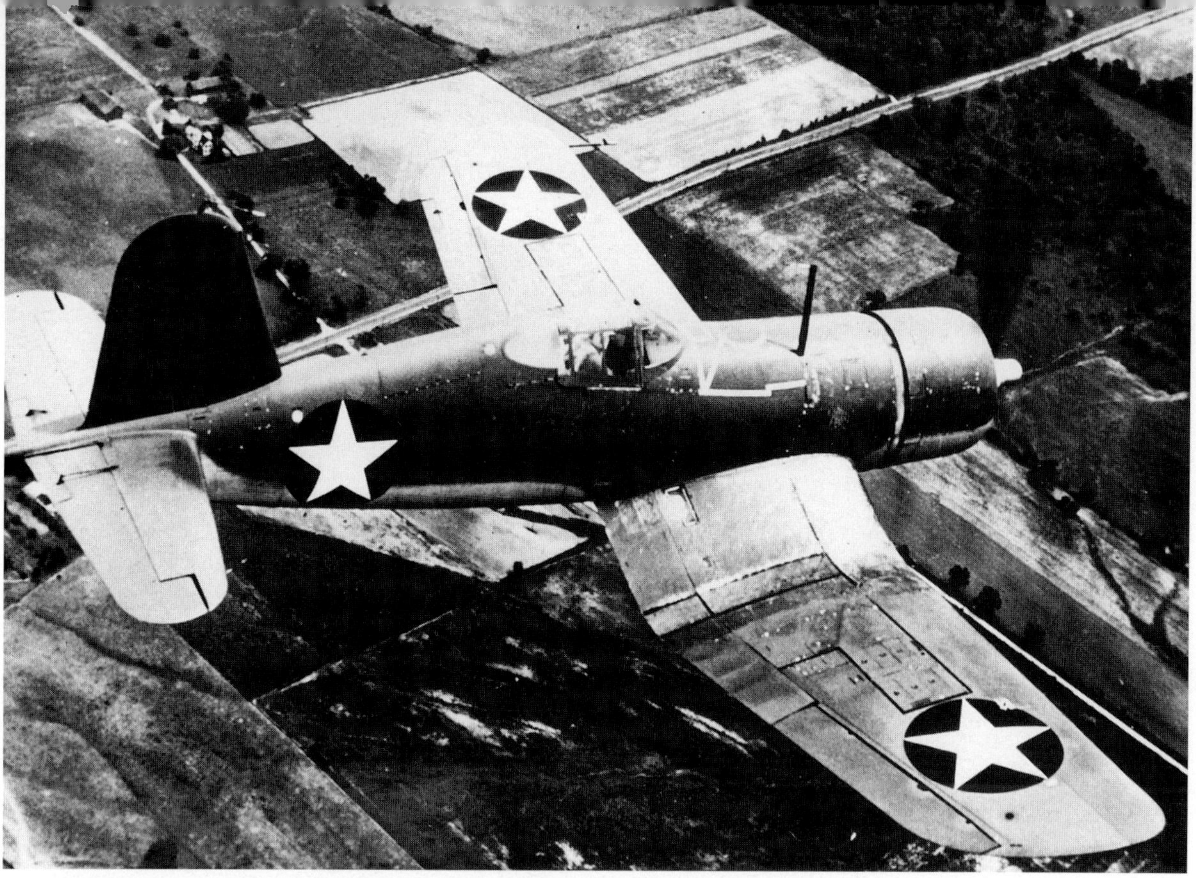

↓ 1943年９月、周囲をヤシの木に囲まれた、南国情緒いっぱいの、ニューヘブライズ諸島エスピリッサント島基地に展開した、海兵隊第214戦闘飛行隊（VMF-214）のＦ４U-１。のちに〝黒羊飛行隊〟と通称される同飛行隊は、このあとソロモン諸島を北上するアメリカ軍の進攻に加わり、日本海軍機を相手に大きな活躍をする。同飛行隊の司令官は、有名なグレゴリー・ボイントン少佐である。

↑ 低空飛行するＦ４U-１。1942年６月から完成し始めたＦ４U-１は、まず海兵隊の第124戦闘飛行隊（VMF-124)、ついで海軍の第17、18戦闘飛行隊（VF-17、-18）に配備され、実戦投入に向けての訓練を開始した。そして、訓練を修了したVMF-124が、1943年２月12日、ガダルカナル島のヘンダーソン飛行場に進出、コルセアとして最初の実戦参加を記録する。

←↑　太平洋戦域における、F4Uの、戦闘機として以外の重要な任務、それが降下爆撃である。ソロモン諸島～中部太平洋地域へと、島伝いの反攻作戦を進めるアメリカ軍にとって、上陸作戦に先立ち日本軍守備隊を弱体化させるのは当然の策である。陸軍の単発戦闘機では、距離的に不可能な目標でも、アシが長く、搭載量も大きいF4Uはうってつけであった。最初に降下爆撃機として使われたF4Uは、海兵隊第111戦闘飛行隊（VMF-111）の8機のF4U-1Aで、機首下面に手製の爆弾架を取り付け、1,000ポンド（454kg）爆弾1発を懸吊し、マーシャル諸島からラバウルに対する攻撃に加わった。この見開きページの2枚の写真は、爆撃任務に活躍した海兵隊のF4U-1Aで、左は、通算100回の爆撃任務を達成し、公式に感状を授与された名誉な機体。上記VMF-111所属である。1944年8月、マーシャル諸島での撮影。上は、500ポンド（227kg）爆弾を懸吊して、メジュロ島基地から出撃する、VMF-224所属機。

122

←〔左上〕　F４U-１Aまでの主翼内標準武装、コルト・ブローニングM-２12.7mm機銃×６を、イスパノAN-N M-2　20mm機関砲×４に換装したF４U-１C。対大型機用として限定200機生産されたが、日本機相手には12.7mm機銃６挺で充分、事足りた。

←〔左下〕　南太平洋戦域の航空優勢がはっきりし、日本機との空中戦の機会が減っていくのと対照的に、コルセアに対する地上攻撃機としての価値感は高まり、それに応える形で1944年４月から生産に入ったのが、F４U-１Dである。-１Aとの主な相違は、内翼下面に２個の専用兵装パイロンが追加され、ここに最大で1,000ポンド爆弾２発を懸吊できたほか、後期には外翼下面に５in.ロケット弾８発も装備可能になった。この搭載量は、悠に当時の日本陸海軍双発爆撃機に匹敵する。

↑　海軍戦闘飛行隊のなかで、最初にF４Uを装備し、また実戦に使ったのは、第17戦闘飛行隊（VF-17）である。やはり、海兵隊のF４Uと同じように、ソロモン諸島の陸上基地に展開し、日本海軍機を相手に奮戦した。写真は、そのVF-17に属し、日本機16機撃墜を果たし、トップ・エースとなった、アイラ・ケプフォード少尉の乗機F４U-１A“29”号機。操縦室横に16個のスコア・マークが見える。1944年２月、ブーゲンビル島にて。

↓　ソロモン諸島攻略作戦の仕上げとして、1943年11月に占領した、ブーゲンビル島西岸のトロキナ地区の、海岸に設営された飛行場に進出した、海兵隊のF４U-１A群。これら各機は、以後1944年２月、日本海軍航空隊がトラック島に後退するまで、連日のように根拠基地ラバウルに対し、進攻を繰り返した。

277

行隊（VF-84）のF４U-１Dが発艦してゆくところ。このころ、悠に1,000機を超える艦載機を擁していた、第58機動部隊空母戦力の、圧倒的なエア・パワーを実感させるショットである。当初、艦上戦闘機として失格していたF４Uも、1944年末になってようやく空母に搭載され、F６Fとともに、日本本土空襲などに加わった。

↑　1945年２月16日早朝、房総半島の南東海上200kmまで接近した、アメリカ海軍第58機動部隊は、関東地区の日本陸海軍航空基地を叩くために、艦載機延べ約900機を数次に分けて発進させた。写真は、当日の空母『バンカーヒル』飛行甲板上の光景で、先兵としてまず５in.ロケット弾８発と、増槽１個を懸吊した、第84戦闘飛

↓ 飛行中のＦ４Ｕ-４。エンジンのパワーアップにより、本型の最高速度は、-１Ｄに比べて30km/h以上も向上して718km/hになり、陸軍のＰ-51、Ｐ-47と比較しても遜色ない性能であった。海軍は、ただちに本型の量産を指示、1945年４月、海兵隊所属機の沖縄進出により実戦に参加したが、すでに日本陸海軍航空部隊は戦力が底を尽き、空中戦でその高性能を示す機会がないまま、終戦をむかえた。

↑ Ｆ４Ｕ-１系のエンジンを、より強力なＰ&Ｗ Ｒ-2800-18W（最大2,450hp）に換装し、全般性能向上をはかった最初の本格改良型がＦ４Ｕ-４である。写真は、1944年４月に初飛行した原型１号機、Ｆ４Ｕ-４ＸＡ。エンジンの換装によってカウリングが再設計され、プロペラもさらに直径が増した４翅に変わったことで、力強い印象をあたえている。

← 〔左２枚〕 第二次大戦が終結し、戦後は他のレシプロ戦闘機と同様、台頭いちじるしいジェット戦闘機にとって代わられ、淋しく引退してゆくはずだったコルセアも、1950年６月に朝鮮戦争が勃発したことで、ふたたび第一線機として甦り、活躍の場をあたえられることになった。もちろん、純粋の戦闘機としてではなく、その大きな搭載量と、ジェット機には真似のできない、低速を生かした精密爆撃能力を買われてのことであった。空軍のＰ（Ｆ）-51〝マスタング〟と同じである。左写真２枚は、そんな朝鮮戦争におけるＦ４Ｕの活動状況をよく示したショットで、上は、５in.ロケット弾を装備した空母『バレイフォージ』搭載、第54戦闘飛行隊（ＶＦ-54）のＦ４Ｕ-４Ｂ、下は空母『ボクサー』搭載、第791戦闘飛行隊（ＶＦ-791）のＦ４Ｕ-４の発艦シーンである。

S
407

A
NAVY
211

→〔右2枚〕　第二次大戦中から開発されてはいたものの、原型機の初飛行は戦後の1945年12月となり、いわば戦後版コルセアの１番手になったのが、Ｆ４Ｕ-５である。本型は、-４以上に大改修された機体で、エンジンは、さらに強力なＰ＆ＷＲ-2800-32W（2,760hp）となり、機首まわりをはじめ、操縦室、諸装備品も一新され、最高速度は756km/hに達した。写真は右主翼にレーダー・ポッドを装備した夜戦型Ｆ４Ｕ-５Ｎ。Ｆ４Ｕ-５系は、計538機生産され、朝鮮戦争にも参加した。

↓　朝鮮戦争たけなわの1951年11月、空母『ボンノム・リチャード』の格納庫内で、つぎの出撃に備え待機する、第102空母航空群の各機。中央列がＦ４Ｕ-５Ｎ、右列はＦ４Ｕ-４、左列はジェット艦戦グラマンＦ９Ｆ〝パンサー〟の偵察機型。朝鮮戦争では、ＶＣ-３所属のＦ４Ｕ-５Ｎ（パイロットはＧ・ボーデロン大尉）が、北朝鮮空軍のレシプロ機５機を撃墜し、海軍唯一のエースとなったことで有名。

↓　Ｆ４Ｕコルセア系の最終生産型となった、Ｆ４Ｕ-７の正面下方からの迫力あふれるショット。本型は、戦後の軍事防衛援助計画にもとづき、フランス海軍向けに生産された型で、基本的には、ＡＵ-１の機体にＦ４Ｕ-４のエンジンを搭載したもの。計94機が引き渡され、1964年に退役するまでに、インドシナ、アルジェリア、スエズ、チュニジア紛争など、フランス植民地にかかわる戦闘に参加した。Ｆ４Ｕ系の総生産数は、計12,571機に達した。

↑　戦闘機としての、アメリカ海軍/海兵隊向けのＦ４Ｕ開発は、事実上、Ｆ４Ｕ-５で終わったのだが、朝鮮戦争勃発により、対地攻撃機としての能力が再評価され、-５をベースに外翼兵装パイロンの追加、防弾装備の強化などを施した専用型が、新たにＡＵ-１の名称で111機生産され、海兵隊に配属されて朝鮮戦争に参加した。写真は、その海兵隊所属機。

Grumman F6F
Hellcat

グラマンF6F〝ヘルキャット〟

↑ グラマン社のベスペイジ工場で完成し、兄貴分のＦ４Ｆ-４の前をタキシングして、飛行テストに向かうＸＦ６Ｆ-３。原型１号機ＸＦ６Ｆ-１は、わずか１年という短期開発により、1942年６月26日に初飛行したのだが、エンジンがライト ＸR-2600-10（1,700hp）だったせいもあって性能が低く、量産化は見送られ、改めてＰ&ＷR-2800-10（2,000hp）に変更した２号機が、ＸＦ６Ｆ-３の１号機として完成し、１ヵ月後の７月23日に初飛行した。写真はその前後の撮影である。テストの結果、ＸＦ６Ｆ-３は、Ｆ４Ｕ-１に比べて60km／h以上も最高速度が低く、上昇性能も劣ったが、艦上機の生命線である離着艦性能、操縦性が良好で、空母適性テストでモタつくＦ４Ｕを尻目に、制式採用が決定し、1942年10月には早くも生産型Ｆ６Ｆ-３の１号機が完成するという素早い対応をみせた。

F6Fに戦時下兵器の真髄をみる

野原 茂

太平洋戦争の後半、日本海軍航空部隊の前に立ちはだかり、そのパワーと量で圧倒、アメリカ海軍航空部隊を勝利に導いた原動力ともいうべき存在が、グラマンF6Fヘルキャットであった。

日本人の英知の結晶ともいえる零戦が叩き潰された悔しさと、判官びいきとが相俟って、わが国におけるF6Fの評価は、不当に低い。

たしかに、F6Fの機体設計は、F4Uほどの引き締まった感じはないし、飛行性能も、二千馬力級戦闘機にしては物足りない。しかし、これは本機の開発の経緯を考えれば当然だったのである（F4Uが失敗したときに備えた〝保険機〟だった）。

そして、F4Uは空母機には不適格となり、零戦を凌駕できる艦上戦闘機として、急遽F6Fが浮上、本機はその穴を見事に埋めた。

軍用機は性能も大事だが、とくに戦争という非常事態のもとでは、短期間に大量生産でき、新米パイロットにも容易に乗りこなせ、かつ実用性に富むことなども、きわめて重要なファクターになる。

その意味において、F6Fは、まったく適任機であった。性能不足とはいえ、日本機相手なら、この程度で充分であったし、何よりも零戦に倍するエンジン・パワー、威力充分の射撃兵装、撃たれても容易に墜ちない堅固な防弾装備は、パイロットたちから絶対の信頼を得た。

F6Fこそ、真の戦時下兵器といっても過言ではないだろう。

↑↓　上写真は1943年前半、下写真は同年６月～９月ごろと、撮影時期に若干の違いはあるが、いずれもアメリカ本土上空にて飛行中の、Ｆ６Ｆ-３初期生産機である。こうしてみると、同じＰ＆Ｗ Ｒ-2800エンジンを搭載しながら、胴体をエンジン直径ギリギリまで細く絞り、空気力学上の洗練を追求したＦ４Ｕに比べ、Ｆ６Ｆは、エンジン下方に空気取入口を配し、胴体断面は下ぶくれの西洋梨形にしてゆとりを持たせてあり、〝本命〟と〝保険機〟の差が、そのまま外形にも表われている。ちなみに、Ｆ６Ｆの主翼は、全幅13ｍ、面積31㎡で、日本海軍でいえば、複座の艦爆クラスの大きな主翼である。この大きな主翼が、空気抵抗を増加させて、速度性能面でマイナスとなった反面、翼面荷重を過大とせずに、離着艦、操縦性能を良好ならしめたのだ。

➡雲海上を編隊飛行する、アメリカ本土内の訓練部隊所属のF6F-3。海軍の実戦飛行隊中、最初にF6F-3を装備したのは、第9戦闘飛行隊（VF-9）で、1943年1月16日にオシアナ基地にて受領、ただちに空母運用訓練を開始した。そして、空母『エセックス』（CV-9）、『ヨークタウン』（CV-10）、『インディペンデンス』（CVL-22）の3隻に搭載された第9、5、6戦闘飛行隊のF6F-3が、同年8月31日、マーカス島攻撃に加わり、実戦デビューを果たす。翌9月1日には、インディペンデンス搭載のVF-6所属機が、日本海軍の二式飛行艇を撃墜し、最初の空中戦果を記録した。

↑　1944年5月、西太平洋方面における、アメリカ海軍機動部隊の根拠基地、ウルシー環礁内に停泊中の空母『ホーネット』（CV-12）より、泊地哨戒のためにカタパルト発艦する直前の、第2戦闘飛行隊（VF-2）所属F6F-3。当時の日本海軍空母はカタパルトを持っておらず、このように停泊中に艦載機を発艦させることは不可能であった。このあたりも、やはり工業技術力の差といってよい。主脚の付根から〝V〟字形に伸びた索が、〝ブライドル〟と称した牽引索で、これをカタパルトのフックに引っ掛けて射出する。F6Fの総重量は5トンを超え、これを停泊中の母艦から合成風速なしで射出するのであるから、カタパルトの油圧パワーの凄さがわかろうというもの。もちろん、射出の直前にエンジンは全速回転にしておく。

←　［左上］　マリアナ諸島攻略作戦に先駆けて、1944年3月～4月、パラオ諸島、ニューギニア島北岸沿いの日本軍基地に攻撃を加えたころの、空母『ホーネット』搭載、第2戦闘飛行隊所属F6F-3。前年8月31日の実戦デビュー以後、F6Fが日本海軍の零戦と初めて本格的空戦を交えたのは、同年10月6日のウェーキ島空襲時であった。この日、ウェーキ島に進攻した空母『エセックス』以下の搭載機F6F-3　47機に対し、同島に派遣されていた252空の零戦23機が迎撃し、F6F隊は6機の損害を出したが、零戦隊も空戦と地上銃撃によりすべてが撃墜・破され、搭乗員15名が戦死、完敗を喫した。F6Fは、日本側が予想していた以上に強敵であり、以後、零戦は敗戦の日までF6Fに対し、苦しい戦いを強いられることになった。

←　実質的に、太平洋戦争における、日・米機動部隊同士の最後の戦いとなった、1944年6月19日～20日にかけてのマリアナ沖海戦において、中核戦力の1艦として奮戦した、空母『ホーネット』飛行甲板上の、第2戦闘飛行隊（VF-2）所属F6F-3。日本海軍艦載機の迎撃を終えて着艦したところらしく、整備員により主翼を折りたたまれようとしている。このあと、自力でエレベーター部分までタキシングし、素早く格納庫に収納される。マリアナ沖海戦におけるF6Fの活躍は際立っており、アメリカ機動部隊の攻撃に向かった日本の艦載機群延べ324機を、15隻の空母に搭載されていた、約440機のF6Fが途中で迎え撃ち、その大半を撃墜し、勝利を確定した。このときの空中戦の模様は、F6Fのパイロットたちをして〝マリアナの七面鳥射ち〟と言わしめたほど、一方的なものであった。零戦隊は、艦爆、艦攻隊の護衛どころではなく、自らがF6Fによって撃ち墜とされてしまったのである。

26
26

36
36

〝ゼロ〟を葬った〝地獄の使者《ヘルキャット》〟

元アメリカ海軍第15空母航空群司令官　海軍少佐　デイビッド・マッキャンベル

わずか七機の迎撃隊

私の名はデイビッド・マッキャンベル。現在のところ、空母「エセックス」に配属されている第一五空母航空群の司令官だ。

われわれの航空群の戦闘飛行隊は、最新鋭のグラマンF6Fヘルキャット艦上戦闘機で編成され、主として、わが機動部隊に襲いかかってくる日本機から空母を守ることを任務としている。

レイテ島上陸作戦直後だけに、機動部隊の動きははげしい。日本軍の目をのがれつつ、しかもレイテに接近するということは容易ではなかった。何しろ世帯が大きいので、動くにしても限度がある。

一九四四年十月二十四日午前八時四十分、突じょとして私がおそれていた警報が艦内に流れた。

「搭乗可能のパイロットは、全員飛行甲板へ！」

私は壁にかかっている救命具をむしり取ると、部屋を飛びだした。飛行服は着っぱなしだから、飛行機に飛び乗るのに何の手間もかからない。

目の痛くなるような熱帯の強烈な太陽の下にならんでいるヘルキャットは七機。私は先頭の機体に飛びこむ。連絡員がメモを渡してくれた。レーダー測定による日本機の数はおよそ百機。こちらはたったの七機。とても手に負えまい。攻撃に出た味方部隊を呼びもどすにしても時間がない。

「燃料は？」

「四分の三くらいです」

「よし行こう、何とかなるさ。銃弾は十分だな？」

「O・K」

機体はすでにカタパルトに乗っており、あとは発進の合図を待つだけ。黄色い服の男が、頭上で旗をふりまわしている。フルスロットルだ。

増槽を吊るしていないヘルキャットは、かるがると空中へ射ちだされた。機体が安定する間ももどかしく、計器類のチェック、機銃の試射など、何かといそがしい。だが私の頭のなかは、私の日ごろの自信をすっかりうばってしまったイマイマしい日本機の大群のことでいっぱいだ。しかもヤツラは母艦からの連絡によると、あまり遠くない。

七機のF6Fは、整然と編隊を組んで進撃している。その姿を見るかぎりではまことに頼もしいが、先方が百機にちかい大集団であることを考えると、もはや作戦も何もあったものではない。ただ、全力で大群にあたるよりほかにない。

一万フィートまで上昇したとき、ついにわれわれは接敵した。それは最初、ひとかたまりの黒点でしかなかったが、やがてそれは、われわれの機動部隊にむかって直進してくる日本機の姿になったとき、私はエセックスに連絡をとった。

日本機よりも優位をとるため、われわれは右にまわりこみながら、上昇をつづける。一万二千フィート、ここまでくると、酸素マスクとスーパーチャージャーのお世話になる。

私の二番機はラッシング。左翼へピタリとついている。他の五機は、かなり遅れて下方を上昇中だ。

一五〇ノットで上昇する私の目前に、突然、別の編隊が反航してきた。雲にさえぎられて今まで気づかなかったのだ。かなりの機数からなる編隊で、四千フィートほど上空を飛んでいる。

「エセックス、エセックス、こちら九九レーベル。この近くに友軍機がいるか」

「こちらエセックス。そのような事実はない」

そいつはえらいことだ。

「どうやらわれわれが見ているのは敵機らしいな」

一万五千フィートで、敵機とほぼおなじ高度にな

←次の出撃に備え、空母『エセックス』の飛行甲板上にて整備をうける、マッキャンベル少佐の乗機F6F-5〝ヘルキャット〟。彼は、マリアナ沖海戦において、すでに7機の日本海軍機を撃墜してエースになっていた。

った。だが、攻撃をかける前に私は二万二千まで上昇したかった。攻撃のためのダイブをかけるには、これくらいの高度差がどうしても欲しい。しかし、私のこの望みは完全にたたれた。

日本機の大編隊は、いまや一体となってわれわれの頭上におおいかぶさってきた。大型双発攻撃機ベティ（一式陸攻）と急降下爆撃機ジュディ（彗星）を中心とした大集団で、さらにその上空を零戦がエスコートしている。

戦闘機の数は約四〇。二万一千フィートの高度で進入してくる。われわれは一万六千フィートの高度から、F6Fのやや上空を飛んでいる爆撃隊を左にバンクしながらねらった。後続のヘルキャットにはすこし無理と思ったが、私は突撃命令をくだした。

「われわれが戦闘機のオトリになるから君たちは爆撃機を徹底的にたたけ！」

私とラッシングは、左へまわり込みながら上昇をつづけ、わざと戦闘機の前面へ出ることにした。

「エセックス、エセックス、これより戦闘にはいるが、手を貸してくれる部隊は近くにいないか？」

「残念ながらダメだ。健闘をいのる《グッド・ラック》」

〝ゼロ〟をたたき落とせ！

幸いなことに、日本機もまた旋回しているため、どうやらわれわれの姿には気づかないらしい。二万一千フィートまで上昇してついに目的の高度に達したとき、零戦隊は2コのV字編隊にわかれていた。しかも、彼らは旋回しながら高度を落としていたので、日本機にとってはあたかも偶然の出会いのような格好になってしまった。

とにかく、われわれにとって目標の数はいくらでもあったし、何といっても先制攻撃で日本機を混乱させたかった。

F6Fヘルキャットが搭載しているブローニング十二・七ミリ機銃はきわめて直進性がよいので、零戦の二〇ミリ機銃のとどかない地点から射つことができる。

「行くぞ！」

私は後につづくラッシングに声をかけると、四〇機の日本機のなかにつっこんでいった。手近の零戦のグリーンに塗った胴体めがけて、私は一連射をくわえた。細かい機体の破片が、パッパッと舞いあがる。ダイブしながらグングンちかづいてくる零戦にさらに一撃をおくりこんだ。

つぎの瞬間、ガソリンタンクを射ぬかれた零戦はアッというまもなく爆発する。その前方をラッシングのエモノが、黒煙をひいて落下していく。

不思議なことに、他の日本機はまったく反撃してこない。まさか、このさわぎに気がつかないわけではあるまい。しかし、それにもかかわらず、日本機の編隊はわき目もふらずに直進していく。

ふたたび二千フィートの高度差をとったわれわれは、かなり前方に去った日本機群をおってダッシュした。高度差とフルスロットルで、かんたんに敵編隊の後尾に追いついた。零戦が反撃してこない理由はわからないが、とにかくわれわれにとっては好都合だ。

私とラッシングは、ほとんど平行して別べつの零戦をとらえ、一秒間八〇発のわりあいで銃弾をたたきこんだ。この零戦もさきほどのエモノと同じく発煙したと思った瞬間、炎上してしまっていた。

ここにいたって、ついに日本軍は編隊を解いて、縦隊になると、今度は大きな円をえがきはじめた。これで、われわれの攻撃はきわめてやりにくくなった。つまり、攻撃に成功するためには、彼らの中央を飛び抜ける必要があるのだ。

私は周囲の零戦を無視して、ただ一機だけを目標に全力をあげて突っこんだ。一、五〇〇フィートくらいの距離から、内側の一機をとらえて攻撃をくわえた。だが、角度があさかった。曳光弾が零戦の頭上を飛びぬける瞬間、周囲から大量の米粒ならぬ銃弾が飛んできた。

「カン、カン」

どこかに被弾しているらしいショックが伝わってくる。うす気味悪いことこの上ない。これではとても手に負えない。どうにかこうにか離脱したところで、ふたたび救援を母艦にもとめた。

「救援部隊は出せない。健闘いのる」――まただ。何とも冷たい返事がエセックスからもどってきた。

左翼をみると、零戦の七・七ミリ機銃でけずり取られた穴が、まるでミシンで縫ったように点々とついている。これが二〇ミリ機銃ならば、主翼を完全に吹っ飛ばされていただろう。

その頃になって、私はやっと日本機が反撃してこない理由を知った。ゼロは、その腹に爆弾をかかえているのだ。つまり、爆装戦闘機だったのだ。最終的には「体当たり攻撃」を考えているにちがいなかった。ブッソウなヤツらだ。

日本軍は、今度は大きなV字編隊に組みかえ、あいかわらず目標、つまりわれわれの艦隊にむかっている。これでは後上方からの攻撃はできても、下方へ離脱するときには蜂の巣にされる可能性が強い。

三機のヘルキャットがふたたび二千フィートの優位を保つまで待った私は、V字編隊の先頭をねらうことにした。この攻撃は、かなりの急降下攻撃となり、効果的な射撃のチャンスはきわめて短い時間しかない。

一石二鳥のグラマン戦法

暗いグリーン色で全身を塗った日本機は、私の照準器いっぱいにひろがって、破壊寸前の姿をさらしている。約九〇〇フィートの距離から全機銃で一撃をくわえた。この距離からでは、一秒間に八〇発の機銃弾が三フィート以内に集中して、驚くべき破壊力をしめす。

一瞬静止したかに見えた日本機の背中から、パッパッと無数の破片が舞いあがったと見るや、大爆発をおこしてこなごなになってしまった。

われわれはまた上昇をつづける。敵はまだアメリカ艦隊をもとめて直進しているが、どうも正確な位置はつかんでいないようだ。あとになってわかったことだが、この日本機は、けっきょく空母は見つけられず、別の一隊がプリンストンに攻撃をかけ、ちょうどわれわれが戦っているころにこれを沈めている。

四機目の目標が接近した。どうやら日本機は燃料がすくないのか、まったく攻撃をかけてこない。降下しながら、一撃。だがこのとき、私は、主翼の上を飛びさる曳光弾に気づいた。射たれているのだ。気の遠くなるような急上昇。その下方を飛び抜けていくヘルキャット。何ということだ、私は味方に射たれたのか？

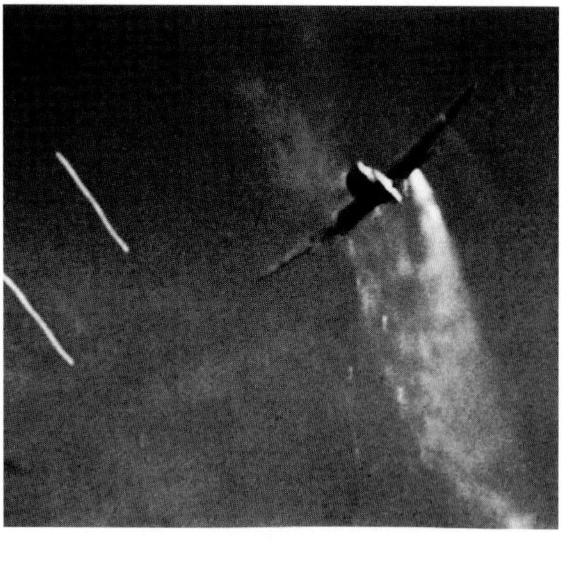

→（右2枚）F6Fのガン・カメラに捉えられた、零戦五二型の撃墜シーン。マリアナ沖海戦以降、すでに日本海軍航空部隊搭乗員全体の技術は、いちじるしく低下しており、マッキャンベル少佐のような凄腕でなくとも、F6Fパイロットにとって、日本機は恰好のスコア対象であった。

愛機F6F-5の操縦席で、カメラに向かってポーズをとるマッキャンベル少佐。最終的に彼の撃墜機数は34機にまで達し、海軍のトップ・エースとなった。

次の瞬間、私とこのヘルキャットがおなじ目標をねらっていたことに気づいた。彼からの短い無線連絡はあったのだが、戦闘に夢中になっていた私はすっかり忘れてしまったのだ。これは私の方も悪い。

私は、別の一機をとらえると、今度は後方から射ちまくる。左翼をふき飛ばされた日本機は、急激なスピンをしながら海面に落下していった。これで四機目。

私の左翼を切り落としそうにしたヘルキャットは弾薬がつきたのか、母艦に帰投していった。これで私とラッシングは、日本機の大編隊の上にたった二機でとり残されてしまったことになる。

敵の編隊はルソン島の沿岸にちかづいた。われわれは次の攻撃にはいった。今度は右上方から突っこみ、V字の両側一機ずつを、一回の攻撃で墜とそうというアイデアだ。

まず、一機を葬った。炎上する零戦を頭上に見ながら、突っこみ角度を修正して、さらにその向こう側にいるゼロのワキ腹に全弾をたたきこんだ。六機目の敵機が燃えあがった。私自身でも信じられないほどの大戦果だ。

やったぜ、九機目だ!

私の燃料は、ますます心細くなってきた。ラッシングの方は満タンで飛び立ったため、燃料は十分だが、弾薬の方がのこりすくない。二人がいっしょにする最後の突撃と思える攻撃で、われわれはさらに一機ずつの戦果を記録した。

これで二人のスコアは、合計すると十二機の日本機を墜したことになる。大漁だ。日本機の編隊もかなりガタがきた感じで、だいぶ混乱が感じられる。心理的にも敵にかなりの打撃を与えたようだった。

だが、ここにいたって、戦局は急転した。ひとつはラッシングを見失ってしまったこと、もうひとつは、日本機がわれわれの攻撃をたくみにかわすようになったことだ。列機のいない攻撃がいかに危険であるかを、私はよく知っている。

一方、日本機は、まるで「射ってください」といわんばかりに飛びながら、われわれが射ちはじめると、クルリと旋回してしまうのだ。

ルソン島に近づきすぎると、日本陸軍機の迎撃をうける危険性がある。やがて、眼下に島がみえてきた。どうやら日本機は、攻撃をあきらめたようだ。編隊は大きく反転して、ルソンへむかいはじめた。

編隊の後尾で旋回している零戦をとらえ、横から突っこんで一撃をくわえた。さらに接近して九〇〇フィートの距離からの必殺の一撃をたたきこんだ。たちまち、機体は黒煙につつまれた。いつの間にか私のうしろにラッシングがあらわれていた。

「デイブ、もう弾がない。でも六機墜としたぜ」

「わかった。どうするね、空母にもどるか、それともオレのチャンバラを見物するか?」

「とにかくついていくよ。敵さんは、こっちが射てないなんて知らんだろうからな」

「了解」

黄色い照準リングのなかいっぱいに広がる、真っ赤な日の丸は印象的だった。もはや、帰投ぎりぎりの燃料しかもたない私は、一万二千フィートからダイブしながら攻撃をかけた。

だが、ほんの数十発を射っただけで、私の機銃は沈黙してしまった。母艦を飛びたつときにかかえていた二、四〇〇発を完全に射ちつくしたのだ。目前にいる日本機を射てないとは!　私は腹立たしさでいっぱいになった。

畜生、それなら翼をふれるまで近づいて、ピストルで射ちおとしてやろうか?

そんなことを考えて歯がみしていると、細い黒煙が、スーッと零戦の後尾に流れているのが見えた。やがてそれが、胴体の太さとおなじくらいになった時、機体がグラリとかたむいた。

「やったぜ、九機目だ!」

もはや、のこりの日本機を追う意味はない。任務は完遂したのだ。私は一四五度に方向をとり、空母エセックスへとむかった。

(訳編・峰岸俊明)

↑［上２枚］　太平洋戦争における、アメリカ軍最後の大規模上陸作戦となった、沖縄の戦いに参加したＦ６Ｆ-５の活動シーン。上段は空母『エセックス』（ＣＶ-９）搭載の第83戦闘飛行隊（ＶＦ-83）、下段は空母『ランドルフ』（ＣＶ-15）搭載の第12戦闘、および戦闘爆撃飛行隊（ＶＦ-12、ＶＢＦ-12）所属機。沖縄戦では、日本側の航空作戦はほとんど神風特攻機による体当たり攻撃に終始したため、Ｆ６Ｆ、Ｆ４Ｕ両艦戦の任務も、これの迎撃、さらには、上陸部隊支援のための地上攻撃に集約された。上写真のＶＦ-83機が、主翼下面に５in.ロケット弾を装備しているのもうなずける。Ｆ６Ｆ-５は、1944年４月から完成し始めた主力量産型で、戦後の1945年11月までに計7,868機（！）もつくられ、Ｆ６Ｆ系をとおした全生産数12,275機の64パーセントを占めた。20ヵ月間の平均月産数は390機以上という凄まじさである。

←［左２枚］　太平洋戦争後半、質・量双方で劣勢に陥った日本陸、海軍航空部隊は、損害の大きい昼間作戦を控え、夜間のゲリラ的攻撃に頼る傾向が強くなった。それまで、専用の夜間戦闘機を持っていなかったアメリカ海軍は、Ｆ４Ｕ、Ｆ６Ｆの両艦戦にレーダーを搭載した応急的な夜戦をつくり、これに対処した。写真は、Ｆ６Ｆ-３Ｎにつづき、１９４４年後半に就役したＦ６Ｆ-５Ｎ夜戦。右主翼にＡＮ／ＡＰＳ-６レーダーのポッドを取り付け、主翼武装を20ｍｍ機関砲４門に変更し、同砲先端、および排気管に消焰装置を追加したのが主な相違である。この夜戦型Ｆ６Ｆ-５Ｎの活躍で有名なのは、１９４４年10月のフィリピン攻防戦に際し、夜間防空専任艦に指定された、空母『インディペンデンス』（ＣＶＬ-22）の搭載機が、１ヵ月間に12機の日本機を撃墜したこと。

341

6
7-6

←3年8カ月におよんだ太平洋戦争が、連合軍の勝利で終結して2日後の1945年8月17日、なおも警戒を怠らず、日本近海を遊弋する機動部隊の周辺上空をパトロールする、空母『シャングリラ』(CV-38)搭載、第85戦闘飛行隊(VF-85)所属のF6F-5P。-5Pは、操縦室直後の胴体内に、斜下方向きに航空カメラ(K-18タイプ)1台を装備した戦闘/偵察機型で、主翼内武装が12・7mm機銃4挺に、外翼下面の5in.ロケット弾架も4基に減じられているが、もちろん充分な空戦、および地上攻撃能力をもっていた。正確な生産数は不明だが、各空母のVFに一定数ずつ配備されていた。

↑← 太平洋戦争が終結すると、第一線部隊にあふれていたＦ６Ｆ-５は、その大半が御役御免となって退役し、急速に姿を消した。ただ、一部は海軍、海兵隊の予備役飛行隊に転籍され、"ウィークエンダー・パイロット"たちの訓練機などとして余生を長らえることができた。２枚の写真は、そんな戦後のＦ６Ｆ-５の活動シーン。上は、1952年７月、フロリダ州のマイアミ上空を飛行する、オハイオ州コロンバス基地所在、海軍第695予備役飛行隊（ＶＦ-695）、左は1953年ごろの海兵隊第331予備役飛行隊（ＶＭＦ-331）の所属機。

グラマンF7F "タイガーキャット" Grumman F7F Tigercat

↓　実戦用機と同じく、全面をシーブルー１色に塗った、原型ＸＦ７Ｆ-１の２号機。総出力4,000hp、全備重量９トンの超デラックスな単座戦闘機であるＦ７Ｆは、当然というべきか、空母上で運用するには無理があり、海兵隊用の陸上機として配備することがきまった。

↑　ＸＦ５Ｆ-１"スカイロケット"の失敗にも懲りず、海軍は1941年６月、グラマン社に対し、再度、双発艦上戦闘機の試作発注を出した。ＸＦ７Ｆ-１と呼称された機体は、なんと、Ｆ４Ｕ、Ｆ６Ｆが搭載したのと同じ、Ｐ&Ｗ R-2800"ダブルワスプ"エンジンの双発で、機体を可能なかぎりコンパクト化、かつ空力的洗練を施し、単発艦戦を大きく凌ぐ高性能機を実現しようとした。写真は、1943年12月に初飛行した原型１号機。Ｆ６Ｆまで脈々と受け継がれた、グラマン社機の武骨なイメージはまったくなく、別会社機かと疑うほどのスマートなスタイルだ。外形の美しさに比例し、本機は、テストで最高速度677km／h、上昇率1,200m／分の素晴らしい高性能を示したことから、ただちに生産型Ｆ７Ｆ-１が500機発注された。

→ 編隊飛行するF7F-1。当初、500機生産発注されたF7F-1も、空母上での運用が放棄され、海兵隊向けの陸上機に転用されたこと、太平洋戦争末期の状況では、夜間戦闘機の需要が優先されたことなどもあり、わずか34機つくられたのみにとどまった。F7F-1を最初に受領したのは、海兵隊第533戦闘（夜間）飛行隊であった。

→ 艦上機として設計されたことを、主翼折りたたみ動作で示す、F7F-2N。34機つくられたF7F-1につづき、1944年10月31日から引き渡しを開始したのが、この夜戦型の-2Nで、翌1945年3月までに、計65機つくられた。F7F-1との主な相違は、機首の12・7mm機銃4挺を撤去し、ここにAN／APS-6レーダーを搭載、操縦室の後方にレーダー・オペレーター席を追加して複座としたこと。

← 飛行中のF7F-3を真下から見る。本機の洗練された機体設計が一目瞭然であろう。胴体幅はエンジンナセルよりもずっと細く、シンプル、かつコンパクトな主翼が、戦闘機であることを強調している。主翼付根に近い前縁から突き出ているのが、20mm機関砲である。F7F-3は、ふたたび昼間戦闘機の単座型に戻ったタイプで、1945年3月〜1946年にかけて、計189機生産された。最初のF7F装備部隊、VMF（N）-533は、1945年8月14日に沖縄に進出したのだが、その翌日には太平洋戦争が終結してしまったため、結局、大戦には間に合わなかった。

↑← Ｆ７Ｆ-３を、複座の夜戦型としたＦ７Ｆ-３Ｎ。機首内部のレーダーは、より大型のＳＣＲ-720に更新されたため、-２Ｎより長い機首となり、先端下面にふくらみが追加されたことが、目立った相違。なお、垂直尾翼は、Ｆ７Ｆ-３の時点で、上方に増積されていた。-３、-３Ｎのエンジンは、離昇出力はＦ７Ｆ-２ＮまでのＲ-2800-22Ｗと同じ2,100hpだが、高々度での出力が向上したＲ-2800-34Ｗに換装されている。上写真は、Ｆ８Ｆ“ベアキャット”と編隊飛行中の、グラマン社公報用フォト。

← ２機編隊でパトロール飛行する、海兵隊夜間戦闘飛行隊のＦ７Ｆ-３Ｎ。1947年、ハワイのホノルル上空における撮影。Ｆ７Ｆ-３、-３Ｎは朝鮮戦争に参加し、北朝鮮に対する夜間地上攻撃などに活躍した。Ｆ７Ｆ系の生産数は、太平洋戦争終結にともなうキャンセルもあり、各型計361機の少数生産にとどまった。

Grumman F8F Bearcat

グラマンF8F〝ベアキャット〟

↓ 戦後の気の緩み（?）というわけでもあるまいが、訓練の後、戻るべき母艦を間違え、空母『ケアサージ』（CV-33）に着艦してしまい、たちまち同空母乗員のヒヤかしの落書きで、機体が〝満艦飾〟になってしまった、空母『レイテ』（CV-32）搭載、第10A戦闘飛行隊（VF-10A）所属のF８F-1。1947年９月27日の出来事であった。

↑ グラマン社ベスペイジ工場で完成して間もない、F８F-1。P&W R-2800-34W〝ダブルワスプ〟エンジン（離昇出力2,100hp、水噴射使用時最大2,800hP）の大パワーを、効率よく発揮するための大直径（3・84m）4翅プロペラ、いちど屈折してから引き込まれる、頑丈な長い主脚、ピンと張ったコンパクトな主翼など、F６Fとはまったく違うフォルムである。

究極のレシプロ艦上戦闘機

野原　茂

太平洋戦争諸戦期における、零戦の神秘的とも言い得る軽快な運動性能は、アメリカ海軍にとっては衝撃的であった。その反響の大きさを示す何よりの証拠が、１９４４年８月に初飛行したＦ８Ｆ〝ベアキャット〟の存在であろう。

本機は、Ｆ６Ｆと同じエンジンを搭載しながら、主翼はふた廻りも小さく、総重量は１・５トンも軽くなっていたうえ、機首をエンジン直径ギリギリまで絞り込み、水滴状風防を組み合わせるなど、機体外形の空力的洗練は、従来のグラマン艦戦のイメージを完全に払拭する素晴らしさであった。

その結果、Ｆ８Ｆの性能は、最高速度６８２ｋｍ／ｈ、海面上昇率１、４６３ｍ／分という素晴らしいもので、主眼とされた運動性能も、従来のアメリカ戦闘機の常識を覆すほど切れ味鋭かった。いうなれば、本機はアメリカ海軍版〝二千馬力級零戦〟ともいえた。

こんなＦ８Ｆを見るにつけ、前作Ｆ６Ｆを、単絡的に〝設計上の凡作機〟と片付けてしまうことが、いかにグラマン社の真の実力を知らない、近視眼的評価であるかがわかろうというものだ。

残念なことに、この素晴らしい高性能をもったＦ８Ｆも、登場が遅きに失し、実戦でその実力を示す機会がなかった。もっとも、本機とまともに戦える日本戦闘機など、あろうはずはなかったが……。

いずれにせよ、Ｆ８Ｆは、レシプロ戦闘機設計史上、ひとつの頂点を極めた機体として、永く記憶されていくだろう。

↓ 〝ウィークエンド・パイロット〟（週末飛行士）と通称され、ややもすると軽く見られがちな、海軍予備役飛行隊だが、こんな見事な梯形編隊を見せられると、ヒヤカし気分も減退してしまう。尾翼に〝V〟の識別レターを記入した、イリノイ州グレンビュー基地所在、海軍第726予備役戦闘飛行隊（VF-726）所属のＦ８Ｆ-１。太平洋戦争には間に合わなかったＦ８Ｆだが、戦後、急速に退役するＦ６Ｆにかわって主力艦戦の座につき、最盛期の1949年なかばには、計28個飛行隊が本機を装備していた。しかし、ジェット戦闘機の台頭いちじるしい御時世には勝てず、わずか１年半後の1950年末には、戦闘機型はすべて第一線から退いてしまっていた。

← F８Fの装備飛行隊数がピークをむかえようとしていた1949年３月、空母『F・D・ルーズベルト』（CVB-42）の飛行甲板上を埋め尽くす、第６空母航空群（CVG-６）隷下飛行隊のF８F-２。本機の高性能、とくに空戦性能はライバルのF４U-４、-５を完全に凌いでいたが、朝鮮戦争は搭載量に勝るF４Uにお呼びがかかり、F８Fは淋しく第一線を退いていった。

↙ 空母『ミッドウェー』（CVB-41）上空を航過する、同艦搭載の第62混成飛行隊（VC-62）所属F８F-２P。-２Pは、F６F-５Pと同様に、胴体内にカメラを搭載した戦闘偵察型で、本型のみが朝鮮戦争にも参加した。-２Pは計60機生産され、本型の生産終了とともに、F８Fの全生産も終わり、各型合計生産数は1,246機だった。これは、F６Fの１／10の数だが、戦後の軍備縮少期の生産量という点からすれば、けっして少ない数ではない。

↑↓ グラマン社ベスペイジ工場をロールアウトし、部隊引き渡し前に、同社テスト・パイロットの操縦によりテスト飛行するF８F-２。-２は、計899機生産された-１にかわり、1948年から就役した改良型で、カウリング後方をリファインし、装甲板を追加、方向安定性向上のため、垂直尾翼を30cmほど高くしたのが主な相違点。重量がすこし増加したため、上昇率はやや低下したが、最高速度は712km／hに向上した。

C
101
110
103
109

PL
11

Bell FL Airabonita　ベルＦＬエアラボニタ

↑　1938年11月、当時その斬新な設計が話題になっていた、陸軍のP-39〝エアラコブラ〟に注目した海軍が、同機を艦上戦闘機化した機体として試作発注したのが、ＦＬ〝エアラボニタ〟である。P-39との主な相違は、尾輪式降着装置への変更、冷却器配置の変更、垂直尾翼の増積、着艦フック他の艦上機用装備の追加などである。しかし、1940年５に初飛行した原型機は性能が低く、各種不具合も多々あり、結局、不採用になった。

Grumman XF5F-1 Skyrocket　グラマンＸＦ５Ｆ-１スカイロケット

↓　ＸＦ５Ｆ-１は、世界最初の双発艦上戦闘機として、グラマン社が鋭意取り組んだ注目作品であったが、1940年４月に初飛行した原型機は、斬新な設計の裏返しで不具合が多く、性能も計画値を大きく下回ったため、結局、１機だけの試作で開発中止された。本機を前車輪式降着装置に直した、陸軍向けのＸＰ-50も同様に不採用となっている。

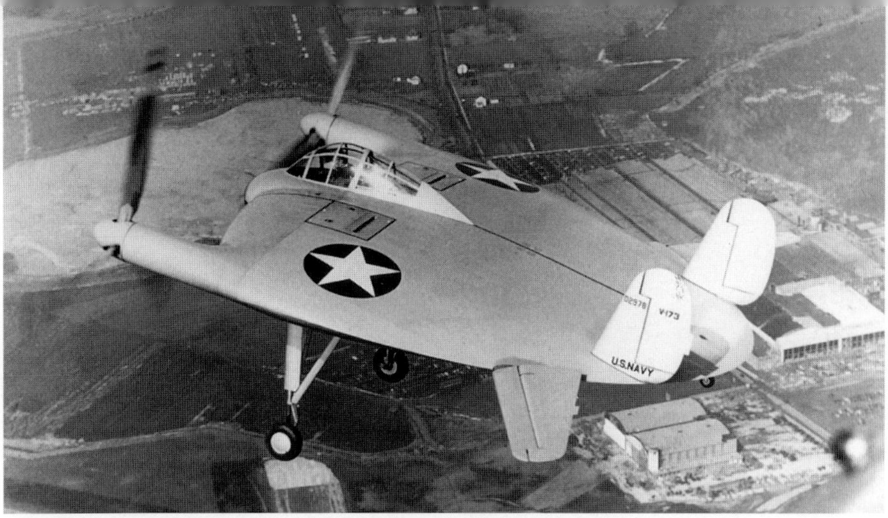

チャンス・ボート XF５U“スキマー”

chance-Vought XF5U Skimmer

← 他に例のない“円盤翼”型戦闘機、XF５U-１を実現するために、まず、その空気力学上の是非を検討するためにつくられた、低出力（80hp）エンジン２基を搭載の社内実験機V-173。1942年11月に初飛行し、131時間のテストをこなして、50～250km／h速度域内での安定した飛行、空中停止、垂直上昇、降下に近いマニューバーも可能であることを実証した。

← V-173の実験成功をうけて、1944年末に完成した原型機XF５U-１。操縦室の両側の円盤翼内に、２基のP&W R-2000-７空冷エンジン（1,350hp）を内蔵し、ベベル・ギアと延長軸により、左右端の４翅プロペラを駆動するという仕組みである。

↓ 後方から見たXF５U-１。このアングルから見ると、まさに円盤翼機である。そもそも、海軍がなぜこんな特殊機を試作させたのかといえば、空母以外の艦船に設けた狭い特設甲板から離発着できる、いわば“STOL戦闘機”を実現しようとしたためであった。しかし、現実にXF５U-１は完成したものの、V-173のような軽量機と異なり、総重量７～８トンの機体を飛行させるには問題が多く、ついに一度も飛行しないまま、1948年にスクラップ処分され、夢はついえた。

Curtiss XF14C カーチスＸＦ14C

➡ 陸軍のＢ-29四発重爆と同じ、怪物エンジンのライト R-3350（2,300hp）を搭載する、高々度迎撃艦上戦闘機として、1944年７月に完成したのがＸＦ14C-２である。しかし、写真を見てわかるように、没落いちじるしいカーチス社らしく、設計的にはまったくの駄作で、性能も計画値を大きく下回り、開発中止とされた。

Curtiss XF15C カーチスＸＦ15C

➡ 初期のジェット機の欠点であった、航続距離の短い点を補完するため、機首に巡航用レシプロエンジン（R-2800）を搭載した、混合動力型戦闘機として試作されたＸＦ15C。しかし、カーチス社作品だけに設計、性能が悪く、1946年10月に開発中止となった。本機を最後に、カーチス社は倒産し、航空界から消え去ったのである。

ボーイングＸＦ８Ｂ-１

Boeing XF8B-1

⬇ 複葉時代のＦ４Ｂ以来、15年という長いブランクを経て、ボーイング社が海軍から試作受注した艦上戦闘機、それが1944年11月に初飛行したＸＦ８Ｂ-１であった。"大型機のボーイング" のキャッチ・フレーズにふさわしく、出力3,000hp（!）という、お化けのようなＰ&Ｗ R-4360空冷大型エンジンを搭載した、総重量10トン近い超大型単発ヘビー級艦戦である。しかし、これほど巨大な機体では戦闘機として使うのは困難なことと、太平洋戦争終結という状況もあり、結局、３機の試作だけで開発中止になった。

ライアンFRファイアボール Ryan FR Fireball

← 前ページのカーチスXF15Cと同様の理由により、レシプロ、ジェット双方のエンジンを搭載した混合動力艦上戦闘機として、1944年6月に初飛行したのが、ライアン社のXFR-1である。機体自体の設計は、どうということはない平凡なものだったが、ライトR-1820-72Wレシプロエンジン（1,425hp）と、GE J31GE-3ターボジェットエンジン（推力727kg）の組み合わせ、搭載法が無難で、最高速度は685km／hにすぎなかったが、海軍は1,100機の生産発注を出した。しかし、太平洋戦争終結のため1,044機がキャンセルされ、完成したのはわずか66機だけである。写真は、上が生産型FR-1、下がターボプロップエンジンに換装したXF2R-1。

マクダネルFD(H)-1ファントム McDonnell FD(H)-1 Phantom

↓ のちの、マクダネル社の大傑作艦上戦闘機F-4と同じ通称名〝ファントム〟を冠するFD（H）-1は、アメリカ海軍が手にした最初の純ジェット戦闘機で、原型機は1945年1月に初飛行し、ただちに100機生産発注された。しかし、太平洋戦争終結にともない40機がキャンセルされ、戦後に60機だけが完成した。設計、性能は平凡であったが、本機の成功が、のちに傑作ジェット戦闘機をつぎつぎと生むマクダネル社の、大いなる基盤となったことはたしかである。

アメリカ戦闘機かく戦えり

秋本　実

☆太平洋戦域☆

開戦準備

一九四一年にはいると、日米開戦はさけられないことを覚悟した米陸軍航空隊は、太平洋地域の航空兵力を強化するため、航空部隊の再配置に着手したが、その措置が完了しないうちに開戦となった。直接、戦場にならなかったため、その欠陥はあからさまにならずにすんだが、米本土の防空戦闘機隊の充実と防空警戒網の配置は、いちばん遅れていたという。

開戦時における米陸軍戦闘機隊の配置状況はつぎのとおりであるが、これからもわかるように、海外に展開した戦闘機中、相当数が旧式機であり、パイロットの錬度も低いものが多かった。

ハワイ＝Ｐ-40＝九九機、Ｐ-36＝三九機、Ｐ-26＝一四機

フィリピン＝Ｐ-40＝一〇七機、Ｐ-35＝四八機

アラスカ＝Ｐ-36＝二〇機

昆明＝Ｐ-40＝約一〇〇機

一方、米海軍の保有兵力は、レキシントン、サラトガ、レンジャー、ヨークタウン、エンタープライズ、ホーネット、ワスプ、ロングアイランドの八隻の空母のほかに、陸上基地航空部隊が、哨戒五個航空団と海兵隊の二個航空団で、機数は練習機や雑用機をふくめると五、二三三機に達していたが、このうち八九四機が太平洋に配備されていた。

ハワイ防空戦

一九四一年十二月八日早朝、日本海軍機動部隊の先制攻撃をうけ、ハワイは大混乱におちいった。不意をつかれた米陸海軍航空部隊は、そのほとんどが地上で潰滅したが、被害をまぬがれた第44飛行隊のＰ-40と第46、47飛行隊のＰ-36が迎撃にとびたち、六機の日本機を撃墜した。これが第二次大戦における米陸軍戦闘機隊の初戦果である。

ウエーキ島防空戦

ウエーキ島は、開戦四日まえの十二月四日に海兵隊の第211飛行隊のＦ４Ｆが一二機到着したばかりであったが、八日の千歳空陸攻隊の第一撃で、いっきょにその三分の二を失ってしまった。

しかし第211飛行隊のパイロットたちは、この打撃にもめげず、のこったＦ４Ｆで九日から迎撃戦を開始し、まず九日に陸攻一機を撃墜し、Ｆ４Ｆによる初戦果を記録したのを皮切りに、二十二日に最後の二機を失うまで戦闘をつづけ、合計六機の戦果をあげた。十一日に小型爆弾で駆逐艦「如月」を撃沈したのも、この第211飛行隊のＦ４Ｆである。

フィリピン防空戦

十二月八日早朝、ハワイ攻撃の急報をうけたフィリピンでは、ただちに戦闘機を発進させ警戒態勢をとったが、天候の関係で日本のフィリピン空襲部隊の発進がおくれ、給油と昼食のため、戦闘機の大部分が着陸した直後に、日本の攻撃隊が姿をあらわした。

クラーク基地からは、第20飛行隊のＰ-40が、イバ基地からは、第3飛行隊のＰ-40が急きょ発進したが、大半が戦闘態勢に入るまえに撃墜され、戦果は両基地あわせても五機にすぎなかった。この第一撃で生き残ったＰ-40は第17、21両飛行隊へ再配分され、第34飛行隊のＰ-35とともに九日以降、迎撃戦をつづけ、十日には船舶攻撃も敢行したが、衆寡敵せず、次第に兵力を失っていった。なお、バターンへ退避したＰ-40の一部は、翌四二年三月二日まで行動をつづけたという。

空母飛行隊の活動開始

一方、海軍戦闘機隊はウエーキ島防空戦のあと、一ヵ月あまり鳴りをひそめていたが、一九四二年二月に入ると、機動部隊による太平洋各地の日本軍基地空襲が開始され、マーシャル、ギルバート（二月一日）、マロエラップ環礁（二月二十日）、ラバウル（同）ウエーキ（二月二十四日）、マーカス（三月四

サンゴ海海戦の直後、1942年5月12日に撮影された、空母『エンタープライズ』飛行甲板上の発艦作業。いま先頭のF4F-3が滑走をはじめたところ。同空母は、サンゴ海海戦には参加しなかった。

日）、サラモア、ラエ（三月十日）などの空襲に参加した。

そして二月二十日のラバウル空襲のさい、空母レキシントンの第42飛行隊のオヘア中尉は五分間で一式陸攻五機を撃墜するという大戦果をあげ、いっきにエースの仲間入りをした。また、四月十八日のドウリットル爆撃隊の日本本土空襲の際にも、同行したエンタープライズでは第6飛行隊のF4Fが、日本軍の反撃にそなえ待機していた。

サンゴ海海戦

四月末になると、日本軍によるニューギニアのポートモレスビー攻略戦が本格化し、五月四日の機動部隊のツラギ空襲によりサンゴ海海戦の幕が切って落とされた。この海戦は八日までつづき、空母レキシントン（第42飛行隊）とヨークタウン（第2飛行隊）のF4Fがこの海戦に参加した。

日米機動部隊同士の決戦は七、八の両日くりひろげられたが、空母を発進した艦戦同士の戦闘は、これが世界初である。

ミッドウェー海戦

つづいて一ヵ月後の六月四〜六日、ミッドウェーでふたたび日米機動部隊のはげしい死闘が展開された。この戦いには空母ヨークタウン（第3飛行隊）、エンタープライズ（第6飛行隊）、ホーネット（第8飛行隊）のF4Fのほかに、ミッドウェー島に展開していた海兵隊第221飛行隊のF4FとF2Aが参加し、空母機同士の戦闘に先立ち、日本攻撃隊をむかえうったが、またたく間に大半が失われてしまった。

ソロモン・ニューギニア方面攻防戦

フィリピンで生き残ったP-40が最後の抵抗をつづけている間に、日本軍の蘭印、ニューギニア方面進攻にそなえ、この方面の航空兵力増強が開始されていた。兵力増強は一九四一年末から開始され、戦闘機だけでも翌四二年三月上旬までの間に、三七七機のP-40、約一〇〇機のP-400、九〇機のP-39が送りこまれた。

日本軍の蘭印作戦は一月十一日に開始されたが、米側もオーストラリアで再編成した第3、17、20飛行隊（いずれもP-40）を一月から二月にかけて、つぎつぎと蘭印へ進出させたが、大半は地上で撃破されてしまった。

三月に入ると、日本軍の攻撃のほこ先はニューギニアへむけられ、七日から八日へかけて、ラエ、サラワクに対する上陸作戦が開始された。これと同時にニューギニア方面に対する米軍の補給基地であるオーストラリアのダーウィン地区に対する空襲も激化しはじめ、米本土から到着したばかりの第49戦闘航空群（第7〜9飛行隊、P-40装備）や第35戦闘航空群（P-39、P-400装備）がダーウィン地区の防空戦に投入された。

ミッドウェー海戦を契機に攻勢に転じた米軍は、八月七日、ガダルカナル島に上陸した。この作戦の主役となったのは空母サラトガ、エンタープライズ、ワスプを基幹とする機動部隊と第1海兵師団であるが、その行動を支援するため、ニューカレドニア、ニューヘブリデス、フィジー、サモアなどの海軍、海兵隊、陸軍の航空部隊も投入された。この中にはニューカレドニアの第68戦闘航空群のP-40もふくまれている。
　戦闘機隊は、急を知って長駆ラバウルからかけつけた日本海軍の攻撃隊を迎えうち、大打撃をあたえた。そして二十日には海兵隊の第223飛行隊のＦ４Ｆが到着し、翌日から迎撃戦闘を開始した。さらに二十二日には陸軍の第347戦闘航空群のＰ-39も到着、十一月末までに海兵隊の第224、121、212、122飛行隊（いずれもＦ４Ｆ装備）も進出し、ガダルカナルはソロモン方面における航空作戦の中心基地となった。
　その後も四三年に入ると、二月には海兵隊第124飛行隊のＦ４Ｕと陸軍の第347戦闘航空群のＰ-38といった新鋭機が投入され、三月には陸軍の第18戦闘航空群のＰ-39が進出した。そして、ソロモン、ラバウル方面で爆撃隊援護、防空、対地、対艦攻撃などに活躍をつづけた。
　この間、機動部隊の活動もつづけられ、第二次ソロモン海戦（八月）、南太平洋海戦（十月）がくりひろげられたが、とくに後者ではエンタープライズ（第10飛行隊）、ホーネット（第72飛行隊）のＦ４Ｆが、日本機動部隊の攻撃隊を迎えうち、これに大打撃をあたえた。
　一方、ニューギニアでは四二年七月下旬、モレスビーをねらう日本軍がゴナとブナへ上陸を行なったため、ただちに第35戦闘航空群がオーストラリアからモレスビーへ進出したのを皮切りに、第8、49戦闘航空群が進出した。使用機は第35、8戦闘航空群がＰ-39、第49戦闘航空群がＰ-40、-47、-38であった。
　その後、四三年にはＰ-47の第348、58戦闘航空群が投入され、四四年にはＰ-38の第18戦闘航空群も進出した。そして要地防空、爆撃隊援護、対地攻撃、艦船攻撃、哨戒などに活躍した。

マリアナ沖海戦

　一九四三年秋から中部太平洋の諸島に対する反攻もはじまった。
　いずれの作戦でも空母戦闘機隊は陣頭に立って戦い、制空権を確保し、勝利への道をひらいたが、八月三十一日のマーカス島攻撃のさい新鋭艦戦Ｆ６Ｆが、空母ヨークタウンの第5飛行隊他に配属されてデビューした。
　さらに十一月のギルバート諸島攻撃では夜戦型も出現した。そして翌四四年一月のマーシャル諸島攻撃では、第5、6、9、10、12、18、23～25、30～32の各飛行隊に装備され、主力艦戦として大活躍をしている。
　これらの作戦につづいて、この方面における本命ともいえるマリアナ攻略作戦が四四年六月に開始された。
　そして、〝マリアナの七面鳥狩り〟とよばれたマリアナ沖海戦（六月十九・二十日）では、ヨークタウン（第1飛行隊、以下カッコ内は飛行隊名）、ホーネット（2）、バンカーヒル（8）、エンタープライズ（10）、ワスプ（14）、エセックス（15）、レキシントン（16）、ベローウッド（24）、カウペンス（25）、プリンストン（27）、モントレイ（28）、キャボット（31）、ラングレー（32）、バターン（50）、サンジャント（51）に搭載されたＦ６Ｆが、日本機動部隊の攻撃隊と直掩隊をなぎたおし、大勝利をおさめたのである。
　なお、このマリアナ攻略作戦では、陸軍の第318戦闘航空群のＰ-47も護衛空母ナトマベイ、マニラベ

マリアナ沖海戦において、日本海軍機動部隊艦載機群を壊滅させ、勝利の立役者となった、グラマンＦ６Ｆヘルキャット。写真手前は、空母『レキシントン』搭載の第19戦闘飛行隊所属機。

イに搭載されて進出した。

フィリピン・沖縄航空戦

マリアナにつづく決戦場はフィリピンであった。米軍のフィリピン作戦は四四年八月の陸軍第5航空軍のミンダナオ方面の日本航空部隊攻撃にはじまり、九月モロタイ、十月レイテと進められた。そしてニューギニア方面に展開していた第8、49、475戦闘航空群のP-38、第35、58、348戦闘航空群のP-47などが、つぎつぎとレイテやルソンへ進出し、迎撃、対地攻撃、艦船攻撃、援護などに活躍したが、そのなかにはエース・オブ・エースとよばれた撃墜王ボング少佐や、第二位のマクガイア少佐らの超ベテランもふくまれていた。

一方、海軍も空母戦闘機隊のF4U、F6Fが、日米機動部隊の最後の対決となったフィリピン沖海戦をはじめ、上陸支援、日本艦隊の追撃、対地攻撃などに大奮闘した。なお、米海軍のエース、マッキャンベル少佐が、一回の出撃で九機撃墜を記録したのも、このフィリピン沖海戦のときの出来事である。

フィリピンのつぎの決戦場は沖縄であった。米海軍はその空母兵力のほとんどすべてをこの戦いに投入し、その数は大小あわせて三十四隻に達した。これらの空母の戦闘機隊は、特攻隊を主力とする日本軍攻撃隊の迎撃をはじめ、味方攻撃隊の援護、上陸支援、対地攻撃などに活躍し、日本本土の特攻基地などの攻撃にもくわわった。

陸軍航空隊の戦闘機隊も、この作戦に参加し、沖縄の飛行場を手に入れると、ただちにここに進出し、対地攻撃などに活躍した。そしてここを基地とし、日本本土などに対する航空進攻作戦を敢行した。

日本本土空襲

マリアナを入手して日本本土空襲の足場を得た米軍は、護衛戦闘機の基地として硫黄島に白羽の矢をたて、四五年二月、同島を攻略したが、同島へ最初の戦闘機隊が進出したのは、まだ戦闘がつづいていた三月六日で、部隊はP-51を装備した第15戦闘航空群であった。

つづいて二十三日には第21戦闘航空群も進出し、最後の抵抗をつづける日本軍に対し空中攻撃を反復した。両隊は同島占領後は、足ならしもかねて父島の攻撃などを行なっていたが、四月七日にはマリアナを発進したB-29をまもって日本本土上空へ姿をあらわした。以後、両部隊は終戦まで日本空襲をくりかえしたが、四月二十三日以降、第506戦闘航空群もこれにくわわった。

中国・ビルマ・インド戦域

中国、ビルマ、インド方面では連合軍航空兵力の主力が南太平洋方面に投入されたため、すくない兵力で善戦をつづけた。

最初、この方面の作戦を担当していたのはフライング・タイガースの名で知られているシェンノート将軍のひきいるアメリカ義勇軍で、一九四一年夏以降、主としてP-40を使用し、中国とインドをむすぶ補給路の防衛にあたっていたが、一九四二年二月、インドで第10航空軍が設立され、インド、ビルマ方面の作戦を担当するようになった。

この第10航空軍も最初は使用機に苦労していたが、四三年に入ると、P-47、P-51、P-38も配属され、対地攻撃、迎撃、援護などに活躍した。四四年三月の第80戦闘航空群のP-38によるアッサム油田防空戦はとくに有名である。

一方、フライング・タイガースは四二年七月、第14航空軍に編入されたが、とうじ、シェンノートの手元にあった戦闘機は三十四機のP-40のみであった。そして四四年春ごろにはP-38、P-40のほかにP-51なども配属され、中国大陸中央部の制空権をその手におさめ、日本軍を圧倒した。

☆ヨーロッパ戦域☆

第8航空軍の進出

一九四二年六月、太平洋方面での戦闘が一段落すると、米陸軍は英空軍が孤軍奮闘しているヨーロッパへ第8航空軍を派遣することを決定した。そして八月末までにB-17やC-47とともに第1、14戦闘航空群のP-38一六四機が大西洋をこえて英本土の基地へ進出した。そして進出直後の八月、アイスランドの基地に進出したP-38が、大西洋上でドイツ空軍のFW200哨戒機を撃墜し、ヨーロッパにおける米陸軍航空隊の戦果第一号を記録した。

この両戦闘航空群のほかに、第31、52の二戦闘航空群も八月には英国へ進出したが、両隊は飛行機をもたずに進出し、現地でスピットファイアを受領して戦闘にくわわった。

一方、第8航空軍の進出まえから活躍していたアメリカ義勇兵で編成された英空軍の第71、121、133飛行隊も、第8航空軍の進出を契機に、九月末、米陸軍航空隊へうつり第4戦闘航空群となった。

これらの部隊はベルギー、オランダ、フランス沿岸地区の爆撃にむかう重爆隊の援護などに活躍していたが、四二年十一月、第4戦闘航空群を残して、北アフリカへ移動していった。

その直後、第78戦闘航空群が配属されたが、二ヵ月あまりで第12航空軍へ転出した。

ドイツ本土に対する爆撃も第8航空軍の進出直後から開始されていたが、当時のP-38ではヨーロッパ大陸ふかく侵攻するためには航続力が不足で、十分な援護は不可能であった。

このため航続力と高空性能のすぐれた新鋭機P-47が投入された。そして第4、56、78戦闘航空群のP-47は四三年四月から活躍を開始した。

この三隊につづいて四三年夏から年末へかけて、このP-47を装備した第352、353、355、356、358、359、361戦闘航空群などが、つぎつぎと配属され、さらにP-38の第20、55戦闘航空群も第8航空軍にくわわった。

P-51マスタングの登場

P-47の投入により、爆撃隊の被害は大幅に減少したが、四三年末には、さらに航続力のすぐれたP-51が投入され、その快速と連合軍戦闘機中随一の航続力を生かして活躍を開始した。そして四四年一月十一日には北アフリカから英本土へ移ってきた第9航空軍の第354戦闘航空群のP-51はドイツ領内に侵攻し、大きな成果をおさめた。同じ第9航空軍の第363戦闘航空群も、ほぼ同時にP-51で作戦を開始しており、第8航空軍でも第57戦闘航空群が、四四年二月、P-51で作戦を開始した。

つづいて、同年春には第8航空軍の第4、339、352、355、358、359戦闘航空群がP-51に改編した。そしてのこりの部隊も四四年中に、ほとんどがP-51に改編されたが、第9航空軍の戦闘隊の一部は、P-47やP-38で終戦まで戦いつづけた。

このP-51が活躍を開始した直後の四四年二月十九日から一週間、米陸軍は第8航空軍と第15航空軍の四発重爆一、〇〇〇機以上と、第8、9、15航空軍の戦闘機十七個戦闘航空群を使用して、ドイツのブランズウイックとライプチヒ地区の航空機工場などに猛攻をくわえた。この一週間は「ビッグ・ウィーク」とよばれている。

この一週間、戦闘機の出撃数はのべ三、六七三機に達したが、損失はわずか二十八機であった。なお主力はP-47で、P-38と-51は二個戦闘航空群ずつである。

さらに、同年三月四日には、第8航空軍第4戦闘航空群のP-51は、B-17を護衛して、戦闘機としてはじめてのベルリン進攻を敢行し、これに成功した。

北アフリカ航空作戦

ナイル河口のデルタ地帯を中心とした北アフリカと中近東地域も、ヨーロッパ大陸に劣らぬ重要な戦域であった。一九四二年夏、ドイツのロンメル軍団の進出により、この方面の戦局は重要な段階に入ったが、当時、この戦域には英空軍の一部と第9航空軍が展開していたが、その兵力は十分とはいえなかった。

このため四二年八月、英国へ進出したばかりの第12航空軍も投入することとなった。同年秋、北アフリカへ集結した連合軍航空部隊は、地上部隊を支援してロンメル軍団に果敢な戦いをいどんだ。そして翌四三年一月、ドイツ軍の最後の拠点となっていたリビアのトリポリは陥落し、その地域での戦闘は一段落した。しかし、その後もチュニジアにおけるドイツ軍の反撃はとどまらず、五月まで激しい戦闘がつづけられた。

一九四二年秋から年末へかけて、北アフリカへ集結した部隊のうち戦闘機隊は第9航空軍の第57、79、324戦闘航空群、第12航空軍の第1、14、31、33、52、82、350戦闘航空群で、使用機は第1、14、82戦闘航空群がP-38、第31、52戦闘航空群がスピットファイア、第350戦闘航空群がP-38、-39、-40で、のこりはP-40であった。

その後、さらに第27、332、325戦闘航空群などが増強される一方、四三年秋には第15航空軍の新設にともない、第1、14、31、33、52、325、332戦闘航空群は第15航空軍へ転出した。また同じころ、第9航空軍は英国へ移ったが、第57、79、324戦闘航空群は第12航空軍へ転出して北アフリカにのこり、第27、89戦闘航空群とともに、終戦までこの方面で活躍をつづけた。

なお、使用機は四四年に入ると、つぎつぎとP-47に切りかえられていった。この方面における戦闘隊の任務は、他戦域と同様に迎撃、爆撃隊援護、地上支援などであった。

イタリア航空作戦

一九四三年四月、連合軍は北アフリカに展開中の第9航空軍と第12航空軍の戦略爆撃機とイギリス空軍の爆撃機により、イタリアに対する大航空攻撃を開始した。

四月四日のナポリ爆撃を皮切りにはじまったこの

その登場により、ヨーロッパ航空戦の帰趨を決した傑作機、P-51マスタング。

攻撃は、八月十七日までつづけられた。

この間、シシリー島の攻略作戦が実施されたが、それに先立ち、五月上旬から六月上旬にかけて、シシリー島西方のパンテリア島に対して猛攻がくわえられ、第1、14、82戦闘航空群のP-38、第33、57、79、325戦闘航空群のP-40、第31戦闘航空群のスピットファイアが参加している。

そして六月十八日からシシリー島攻略作戦が展開された。連日の猛爆撃のうち、七月十日、第二次大戦最初の大規模な空挺作戦が敢行されたが、この戦いには第1、14、82戦闘航空群のP-38、第33、57戦闘航空群のP-40、第31戦闘航空群のスピットファイアなどが参加し、空挺作戦終了後も八月十七日まで、爆撃隊とともに攻撃をつづけた。

イタリア本土に対する攻撃は九月三日のレジオ、九月九日のタラント、サレルノに対する上陸作戦でさらに本格化し、戦闘機隊は上陸支援、対地攻撃、援護、迎撃と、連日はげしい戦いをつづけた。その主役は第15航空軍のP-38とP-47である。

この方面の戦闘でわすれることのできないのはルーマニアのプロエスティ油田に対する攻撃である。第1、82戦闘航空群などのP-38は爆撃隊の援護にあたっていたが、四四年六月十日にはそのすぐれた性能を利用し、ロマノ・アメリカン精油所に正確無比な急降下爆撃を敢行し、大成功をおさめた。

また第15航空軍のP-38部隊は、同年八月二十九日、北イタリアのラテイサナ付近の鉄橋に対し、本格的な爆撃を行ない有名となった。

このほか、大戦末期、第12航空軍のP-47戦闘機隊は、北ドイツに対する対地攻撃なども行なっている。

ノルマンディ上陸作戦

一九四四年六月六日、有名なノルマンディ上陸作戦が敢行されたが、この戦いに投入された戦闘機の数は五、四〇〇機をこえていた。これらの戦闘機は制空権確保、支援攻撃などに大活躍し、作戦を成功にみちびいた。

また、四四年九月十七日には、マーケット作戦とよばれるオランダに対する大空挺作戦が行なわれたが、このときも第56、78、353戦闘航空群のP-47など一五三機が、作戦成功に大きく寄与している。

その後、四四年秋から冬にかけて、各方面からドイツ国境へ向かう連合軍と、これを阻止しようとするドイツ軍との間で各地で激戦が展開された。バトル・オブ・バルジもその一つで、この戦いでは第354戦闘航空群のP-47などが活躍した。このほか第8、9航空軍のP-47や-51は、飛行場、鉄道、工場、各種軍事施設、地上部隊の攻撃などの戦術戦闘でも、大きな成果をおさめつづけた。

そして四五年一月になると、ドイツ本土に対する航空総攻撃が開始され、ドイツ要地の飛行場、工場などが完全に破壊されるまで、連日、一、〇〇〇機をこえる爆撃隊がドイツ本土をおそったが、P-51を主体とする戦闘隊はこれを守りつづけ、その後も、戦いの終わる日まで戦術戦闘に参加した。

注1　部隊の名称は、グループを航空群、スコードロンを飛行隊と訳した。

注2　部隊編成、移動時期、機種改変時期などについては、主として、「AIRFORCE COMBAT UNIT」によった。

主要機体解説

☆陸軍機☆

セバスキーP-35

一九三五年度のアメリカ陸軍次期戦闘機競試に参加し、カーチス製などの他機をおさえて制式採用され、翌年発注をうけた機体である。

三八年に長距離掩護戦闘機として日本海軍が輸入して、あまりの駄作にすぐ捨ててしまった同社製の2PA複座戦などと同様、一連のセバスキー設計らしいズングリした太短い胴体で、縦安定の悪さは一見して明白だった。この種の太短い胴体は、セバスキーの祖国ロシアの国民性によるものか、同時代のソ連のイ15やイ16にも同様の無神経さが見られる。

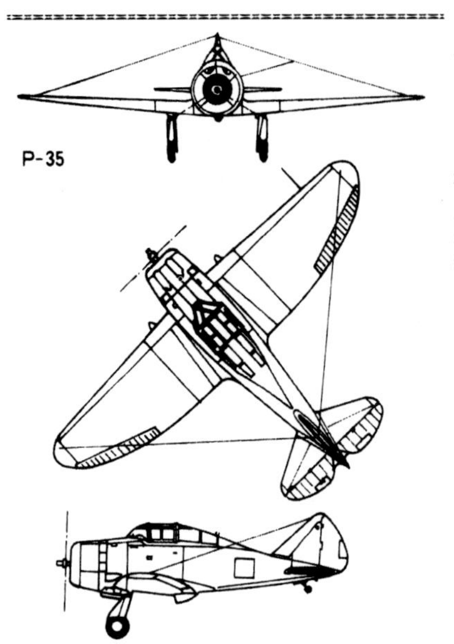

P-35

本機も最大速度以外は何の取り柄もない機体で、翼下に張り出した整形覆に主脚を後上方に半引込みにする中途半端な型式は、競争相手だったカーチス機よりさらに野暮ったかった。

また、当初採用したライト社製の複列エンジンは、トラブル続出で同エンジンを採用した他の試作機もみな片っ端からダメにしたいわくつきの不良品だったが、本機もその災厄をこうむり、P&W社製ツインワスプに変えてようやく実用域に達することができた。

アメリカ陸軍の発注機数も少なく、むしろ海外からの発注の方が多かったくらいだが、日米間の風雲急になるとろくな戦闘機ももたず、日本陸海軍を見くびっていたアメリカ陸軍は、急きょその外国向け機も買いもどして、主としてフィリピンに配備した。そして開戦当日、日本海軍機によってほんの少数機を残して、みな地上で爆破されてしまったのである。

第二次大戦においてかかわり合いがあるとすれば、ただこの不名誉な地上撃破されたことだけという、なんとも評しようのない哀れな存在であった。

なお、本機に少し手をくわえたXP-41を試作したところで、セバスキーは倒産してリパブリックに身売りしてしまったので、本機はセバスキー最後の作となった。

カーチスP-36ホーク

カーチス社が永年生産してきた水冷エンジン複葉という一連のホーク戦闘機の型式を一擲し、空冷低翼単葉引込脚という近代的型式を思いきって採用した機体で、社内名称カーチス75の試作機は、一九三五年度のアメリカ陸軍次期戦闘機コンテストに参加した。

競争相手のセバスキーP-35のような楕円翼でなく、簡素なテーパー翼、脚引込型式もよりスマートで、ずっとましな設計だったのであるが、いかんせんエンジンがいわくつきのライト社製複列だったため、トラブル続出でこの競試はセバスキーP-35に名をなさしめてしまった。

だが、設計も素質もセバスキー機にまさっていた本機は、エンジンをとり換えることで当局に真価を認められるようになり、第一次大戦後では、未曽有の二一〇機という大量発注をうけ、P-36として制式採用されたのである。

日本海軍が真珠湾を攻撃した際、からくも地上撃破をまぬがれた少数の本機が、日本機の第二波を奇襲してその2機を撃墜したと宣伝されているくらいのものが、日本との唯一のかかわり合いといえるが、欧州に売られた本機は、フランスがろくに使いもせずに降伏して放置したこのP-36を、ドイツ空軍が手に入れて使い、イギリスなどに売られたP-36と敵味方になってわたり合うという、まことに奇妙な運命にもてあそばれたのである。

もちろん性能的にみて、第二次大戦での第一線機とはいえないものである。

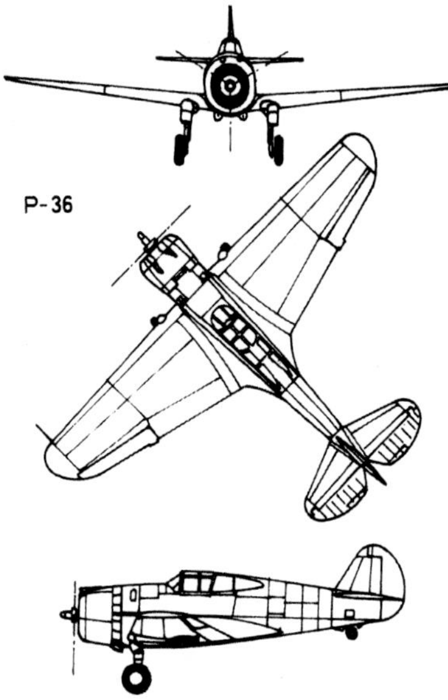

P-36

ロッキードP-38ライトニング

一基で二、〇〇〇馬力級のエンジンがまだ実用化の見通しのなかった一九三七年当時、各国、とくにアメリカでは戦闘機の速度性能向上を双発型式にもとめる風潮が強まり、陸海軍ともに試作したが、このP-38はその陸軍版で、とうじ商用輸送機部門ではなんとかダグラス社に追随してはいるものの、軍用機、ことに戦闘機などは手がけたことのなかった二流会社ロッキードが、素人の身でこの形態にいどんだ。

このときの陸軍仕様が高々度におけるドイツ機迎撃だったなどと後世記されているが、とにかく陸軍は「速い飛行機」だったら何でもよかったのである。これに応じたロ社もこわいもの知らずで、爆撃機をしのぐ重量六・七トンの巨大さで、双胴に乗員ナセル追加という前例のない異形機を、陸軍からの予算の四倍もの費用を自腹をきって投じ、一九三九年初頭に完成した。

この後世にのこるP-38の奇妙な形態を、ロ社では排気タービン過給機装備の便をはかったためなどと後年説明しているが、これはこじつけで、こんな形態に必然性はなく、単に奇をてらったものに過ぎない。

もともと、この形態は縦の操縦性、とくに尾翼フラッターを生じやすい危険性に富むもので、本機も例外ではあり得ず、実用になっても最後までせっかくの空力特性をフルに発揮できず、使用制限を付して用いられる始末となった。

ただこの形態では、時を同じくする他の各国の、同様の小型双発高速機が例外なく悩まされたナセル・ストールの可能性はなく、本機はこの点だけ助かったようである。しかし数字上の性能のみ追求する態度は、左右プロペラの逆回転など実用上やってはいけない邪道を遺憾なく採り入れていた。

このため試作機は速度性能のみはいちおう抜群で、いろんなレコードを樹立したりしたものだから、これに魅せられた陸軍航空隊は

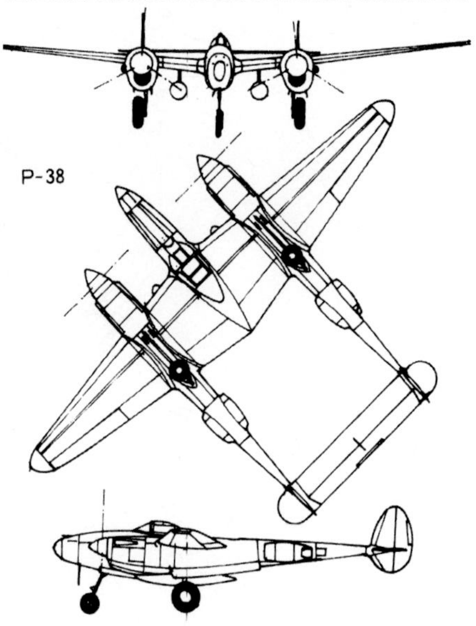

すぐさま制式採用して量産発注をした。

しかし実用してみるとはたしてトラブル続出で、プロペラ左右同回転、大口径機関砲の廃止、小型化、運用上の使用制限などいろいろやってみたが、性能は低下する一方となった。

イギリス空軍も購入したものの、カタログ値とあまりにちがう性能にくわえて、同空軍流の戦闘機用兵観念ではこんな機体を戦闘機として使うわけにはゆかず、わずか3機だけ引き取り、他はキャンセルしてしまった。このとき同空軍の命名したライトニングの名称をのちに米陸軍も用いることになった。

けっきょく日米開戦時にはイギリス向けの機体を引きとったのもくわえて、アメリカ陸軍は若干数の本機を装備していたが、他にはP-40しかないので、戦時下の量産装備に踏みきったのである。とくに本機に期待したのは高々度高速と、それに長大な航続力を利しての進攻任務であった。そして戦時中に一〇、〇〇〇機近い量産を行なってヨーロッパ、太平洋両戦域で用いた。

しかし公平にみて、本機ほど虚名をはせた戦闘機も珍しいであろう。たしかに大行動半径を利しての遠距離進出はできても、本機は本来の戦闘機としての機能はあまりもち合わせなかった。広大な南太平洋戦線で進攻任務に従事できるのは、大戦前半の米軍では本機だけしかなかったけれども、それは敵地に進攻できるというだけのことで、枢軸国軍のまっとうな性格の単発戦闘機とでは勝負にならず、両者間で戦闘の成立することがきわめて稀だったからである。

ガダルカナル戦などでも、本機が「制空」した事実などはなく、したがって、本機を用いたエースの撃墜スコアなどはおおいに割引きして考える必要がある。山本大将機の撃墜に参加したランフィア大尉などは、大将乗機撃墜ののち護衛の零戦二機を撃墜破した、などと虚偽手記をものして失笑を買ったものだが、一事が万事といえよう。

とにかく本機がやったことは遠距離行動で敵の空輸補給線を攻撃するくらいのこと、末期には急降下ブレーキを増備して、爆弾やロケット弾をもって地上攻撃にもっぱら用いられた。

現にイギリス本土には早期に進出していながら、四発爆撃隊が裸出撃でドイツ空軍に多大の損害をこうむりつつあったときも、航続性能上ではその能力がありながら、直衛任務についたことがなかった。直衛戦闘機としてまったく無能だったからに他ならない。

極言するようだけれども、このP-38には固定機銃を敵機めがけて発射するという以外には、戦闘機らしい性格はない。要するに戦闘機の何たるやを本質的に理解していなかった用兵思想の産物で、イギリス空軍のモスキートのような用途にも適しなかった点、なんとも性格不明の中途半端な軍用機でしかなかったというしかない。

ベルP-39エアラコブラ

液冷エンジンを操縦席後方の胴体中部に配することで、機体の横軸まわり慣性能率を小さくして戦闘機としての運動性を良くし(当時はこんなことが真面目に信じられていた)、かつそこから長い延長軸をだして、機首のプロペラを駆動する型式にすることによって、その延長軸内に大口径の機関砲を仕込むことができるようにしようとする考えは、大戦まえには各国で大いに関心をあつめていたもので、数種の試作機が試みられているが、いずれもモノにならなかった。

このベルP-39はその考案を最初に実用にもち込んだもので、実用戦闘機の型式としては空前絶後のものである。アメリカの航空機メーカーの中でもベル社は先走ったことをする筆頭といえるが、実用域に達したアリソン液冷エンジンを得て、この理想主義的な戦闘機の実現にいどんだのである。さらに単座小型機としては当時めずらしかった前脚式の降着装置とした。

だが根本思想は理想主義的ではあっても、技術はなかなかそれに伴わず、せっかくの高速機むきの基本形態の利点を生かしきれずに空力的洗練を欠き、開発段階でNACAの力をかりて大幅な改修をくわえねばならなかった。実態はこのようであったにもかかわらず、開発中には急降下で世界最初に時速一、〇〇〇キロを突破したなどと大々的に宣伝したものである。

また当初、本機の特色のひとつにしようとした排気タービン過給機の装備がどうしてもうまくゆかず、ついに装備を断念したため、高空性能の貧弱な低空用戦闘機となってしまった。さらにグロウスファクターの考慮を欠いた設計は、改修をかさねるごとに重量増加をまねき、性能はますます低下した。それにくわえてプロペラ軸内の大口径機関砲は、当初携行弾数わずか十五発、のちに増量しても三十発というのでは、効果はしれたものだった。イギリスに売られた機体などは、二十ミリ機銃に変えられてしまったほどである。

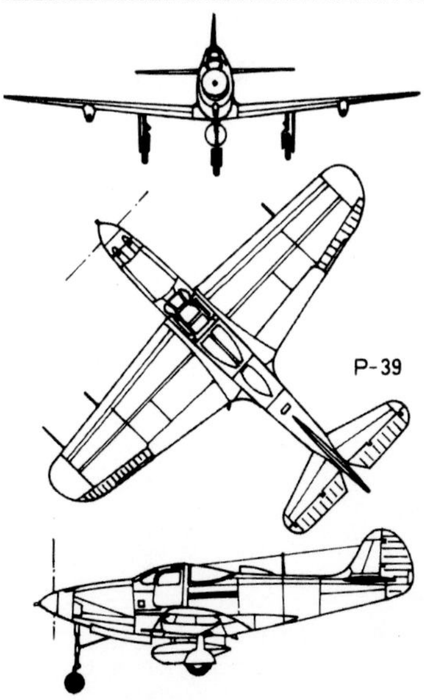

こんなことではなはだ迫力のない戦闘機になってしまい、一九四二年から南太平洋戦線に現われても、日本軍戦闘機の敵ではなく、アフリカ戦線などで地上攻撃にお茶をにごすぐらいのことしかできなかったのである。むしろ本機は外国むけ供与機としてその名をひろめた。すなわち、約九、五六〇機の総生産量のうち約半数がソ連に送られたし、その他の国にも多数供与されている。

戦後、ソ連のミグ・ジェット戦闘機が、兵装として大口径機関砲に固執したのも、あるいは本機あたりのあたえた悪影響ではなかったろうか。その形態から日本軍パイロットには「カツオブシ」とあだ名されて見下され、いたって冴えない存在だった。

カーチスP-40ウォーホーク

一九三八年十月に初飛行したカーチス・ホーク81がP-40の原型であるが、実質的にはP-36の液冷エンジン版にすぎず、したがってこのP-40はカーチス社の前作で、旧式な固定脚機(一九三七年に中華民国空軍にも購入されて、日本海軍機ともわたり合ったことがある)カーチス75M(P-36)からほとんど何の進歩もなく、主翼や胴体など構造は、基本的にそっくりそのままという前近代的な戦闘機であった。

アメリカ軍用機メーカーの名門カーチス社の技術も、このころは完全にマンネリ化しており、大戦後すぐにつぶれてしまう前兆をすでに呈していたのであるが、それにもまして本機のようなものを制式採用して、平時としては異例の量産発注をした陸軍航空隊の戦闘機用兵思想のマンネリ化の方が、大戦中に二流の補充戦闘機という芳しからぬ評価と役割しかあたえられなかった本機の不運でもあった。

だが、とにかく本機は一九四一年末に日本の真珠湾攻撃でアメリカが参戦した当時、陸軍の第一線主力戦闘機であり、本機しかなかったのである。このとき陸軍には制式採用もはばかられるようなP-39とか、ほんの試作段階で将来ものになるかどうかわからぬP-38やP-47などが開発中だったに過ぎない。

もちろんこれでもF4Fをかろうじて装備しはじめたアメリカ海軍や、一式戦をわずか二個戦隊分しか用意していなかった日本陸軍などに比べると、ずっとましだったのであるが……。この前年に本土航空決戦を経験したイギリス、およびドイツ空軍や、零戦を擁していた日本海軍に比べるとはなはだしく立ち遅れていた。

時期的にみて、陸軍に実用戦闘機は本機しかなかったせいもあって、大戦初頭には連合各国にも売りまくられ、陸軍も多量装備して、このため世界各地の連合国空軍前線には必ず姿をあらわしていた。そして機数の上ではP-47、P-51につぐ一四、〇〇〇機の大量産がアメリカで行なわれたのである。

名称もイギリス空軍でのトマホーク・キティホーク、アメリカ陸軍でのカーチス81、ウォーホークと目まぐるしく変わった。しかし大戦初頭から本機は、単なるカタログ上の最高速度性能はともかくとして、安定性、操縦性、運動性のどの面でも欠けるところはなはだしく、加えて上昇性能の悪さでは、しょせん優秀な枢軸国軍戦闘機の敵ではなかった。戦時下でマーリン発動機への換装、軽量化、胴体延長と方向舵後方張り出しによる安定性改善など、いろいろ試みてはみたけれども、根本的な前近代的性格ではなにほどの効果もなかった。

しかもその前近代性がいくらでも多量生産を可能にしたのがいっそう悪く、あたら陸軍の練達の戦闘機パイロットの大量犠牲をまねき、枢軸国空軍のエースたちにいたずらにスコアをかせがせてしまうことになったのである。とにかく自国技術と戦闘機用兵に関する身のほど知らぬうぬぼれが、どのような結果を招致するかを、このP-40の身をもって示したようなものであった。

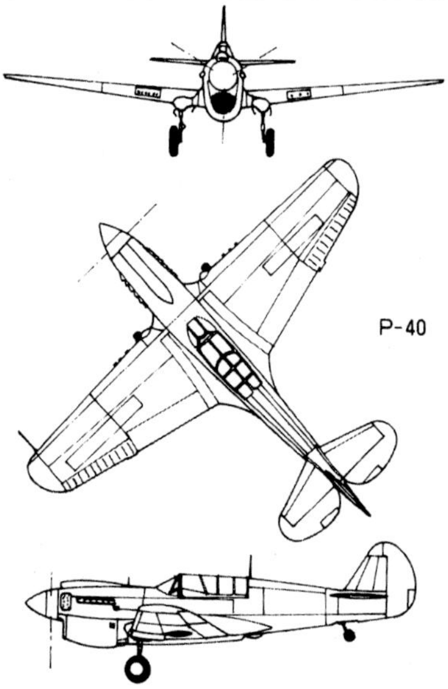
P-40

リパブリックP-43ランサー

P-35を手直ししたXP-41を最後としてセバスキー社が倒産してしまったあと、それを受けついだリパブリック社が最初にものにした制式戦闘機である。

とうじアメリカ陸軍は戦闘機の要求性能の中で、おかしいくらい高空性能を重視していたが、また排気タービン過給機の技術にかけては、世界で独立独歩の域に達していた。そこで本機も基本的にはセバスキーの手法をそのまま踏襲した、というよりもP-35やP-41とそっくりそのままの無格好な機体に、排気タービン過給機を追加しただけの、高々度戦闘機として誕生した。

もとより戦闘機の運動性の何たるやを理解していないような基本設計であるから、比較的高々度を行動できるという以外には、戦闘機としての価値は低いものでしかなかった。

写真偵察などに用いられ、一部は中華民国空軍にわたされて中国大陸でも行動したのであるが、日本陸軍の操縦者で、本機の存在すら記憶している人は少ない。それくらい無能な戦闘機だったようである。

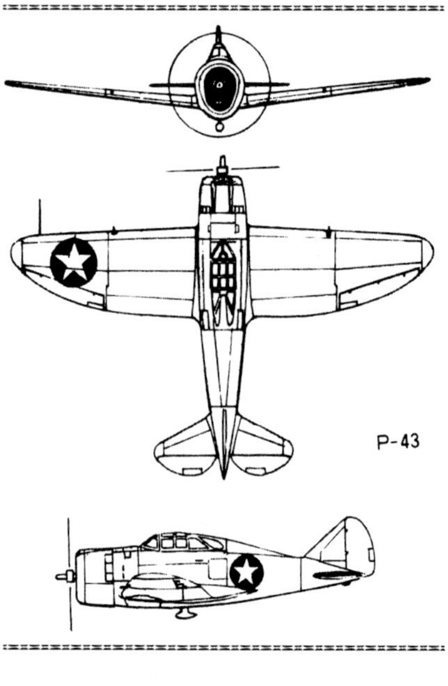
P-43

リパブリックP-47サンダーボルト

戦時中アメリカで生産された戦闘機の中では、P-51をしのいで最多量産記録をもち、一五、六六〇機という数字は、さすがにアメリカ航空史上においても空前絶後のものである。これだけの豊富な機数にものをいわせて、太平洋でも、ヨーロッパでも、アフリカでも第二次大戦のすべての戦闘の舞台にその姿をみせ、アメリカ陸軍の代表的戦闘機となった。

こういえば、いかにも本機が優秀であったかのように聞こえようが、実情は必ずしもそうでなく、一個の戦闘機としてのP-47は、高空性能と耐弾力いがいには良いところはなく、アメリカ陸軍航空隊の戦闘機用兵思想の不備と欠陥をさながらに、その巨大な図体に体現していたのであった。良くも悪くもとにかくアメリカ的な、あまりにもアメリカ的な戦闘機というのがこのP-47なのである。この点、海軍を代表するグラマンF6Fともまことによく共通する面がある。

一九三九年夏、リパブリック社は従来のセバスキー系の無格好な機体を一擲して、液冷アリソンエンジン装備の翼面積わずか十平方メートルという小型戦闘機を計画した。高速と抜群の上昇性能がねらいだった。すなわち、このころにはアメリカでも、まっとうな戦闘機用兵思想の芽生えがあるにはあったのである。

だが、おりからの第二次大戦の勃発で、アメリカ陸軍がヨーロッパでの戦訓をまちがって受けとったので、この計画は廃棄され、かわって正反対の重戦の開発がリパブリック社に発せられた。

とうじ、実用に達したおそろしく大直径の二、〇〇〇馬力級エンジン、それに排気タービン過給機をつけた高々度用、速度性能のみの重視、そして防漏タンクに装甲板という、とうじ陸軍が実戦の経験もないままに、一途にいだいていた戦闘機というものに関する哲学を、そっくりそのまま具現しようというものである。

これに応じてリパブリック社が一九四一年夏につくりあげた機体は、あいも変わらぬ同社独特のズングリ型で、運動性を無視したうえに、翼面積三十平方メートル近く、重量は約五・八トンと、およそ当時の戦闘機の通念からは逸脱した巨大機であった。しかも試作機はこの翌年に墜落してしまったが、陸軍当局の注目をひいたのは、高度八、〇〇〇メートルで時速六九〇キロという、当時世界に比をみない高速であった。そして単なるこの数値性能のみによって、陸軍の主力戦闘機とすべく一大量産が開始されたのである。

P-47は戦時下の陸軍戦闘機のなかの最重点機種として量産は優先的に進められ、四三年早々にイギリス本土に進出して、それまでの在英陸軍航空隊のP-39やP-40などの低空用戦闘機にとってかわり、またそれまで裸で出撃していた四発爆撃隊を直衛して、大陸に進攻するようになった。また四四年晩春からは中国大陸や南太平洋の戦域にも姿をみせるようになった。

後期量産型では風防が水滴型に改められ、重量軽減もはかられて、試験機の一種などは時速八〇〇キロに近いプロペラ機のレコードをつくった。また巨大な増槽による行動半径の増大は、この種性能の貧弱なものの多かった連合軍戦闘機中では異例のものとなって、遠距離戦略作戦に使用されたし、後期型の一トンにちかい爆弾搭載能力は、大陸反攻以後の連合国空軍に大威力を発揮させたのである。

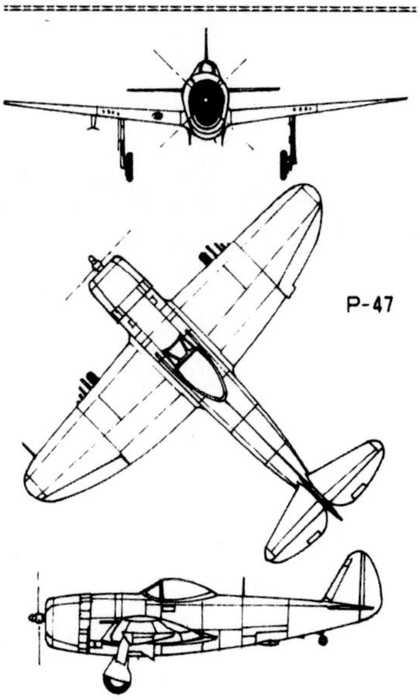

だが、本機に名をなさしめたのは、最重点生産による圧倒的なその兵力であった。すなわちゾロゾロと工場から流れ出てくる大群による懸絶した大兵力と、それに対抗すべき枢軸国空軍の戦闘機兵力の凋落とが、ことを決したと言えよう。

最終型のP-47Nなどは重量はじつに九・四トン、燃料容量は日本の一式陸攻に匹敵する四、〇〇〇リットル余という巨人機で、本土上空にも来襲したことがある。

ノースアメリカンP-51マスタング

多くの専門家が「第二次大戦最優秀の戦闘機」としているが、このP-51はまさにその評価に真に価する優秀機である。速度、上昇力、加速性、運動性、兵装など、戦闘機に必須の諸機能においてすぐれているばかりでなく、それらが円満に調和がとれている上に、大戦前半に活躍した日本の零戦と同様、戦闘機として異例の大行動半径をそなえ、いわば戦闘機としては連合軍側にあっては類例のない唯一種の「戦略戦闘機」であった。

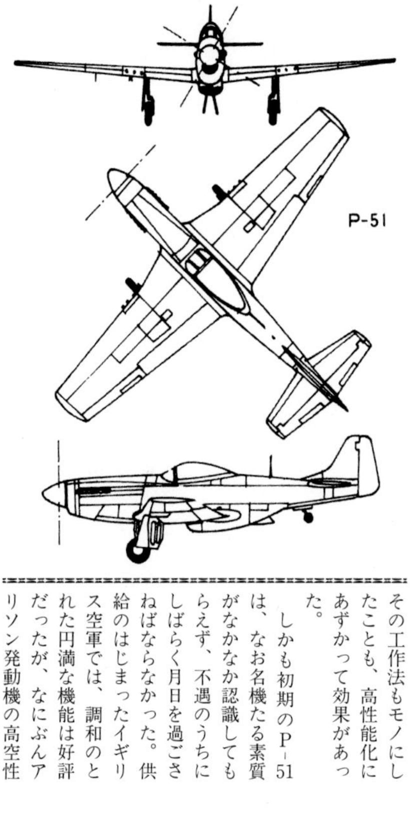

一九四〇年春、アメリカからの軍用機買付けに際して、イギリス空軍はノースアメリカン社に対して、カーチスP-40の下請量産を依頼した。練習機以外まともな軍用機などあまり手がけた経験をもたなかった、とうじ二流メーカーだったノースアメリカン社にとっても、さすがにこれは屈辱的な依頼だった。

そこでP-40とおなじアリソン発動機を装備するが、ぜんぜん別設計の戦闘機を短期間に自力で作りあげることをイギリス空軍に回答し、約束どおり同年秋には試飛行にこぎつけたのがP-51の原型である。

戦闘機にはズブの素人が、まったく自由な考え方と負けん気で設計したことが、結果的にはかえって図にあたり、ヨーロッパの戦訓を正しく学びとっていなかった陸軍の戦闘機用兵思想などに、ぜんぜん毒されなかったことが、効を奏したのである。

設計や全体のレイアウトなど、設計者がさほど意識もしていなかったのに、まんまとツボにはまったことが続出したが、冷却器の配置などその最たるもので、後に追試してみてもこれ以上完璧な方法はなく、たくまずして性能向上に大いに資していたのだった。また世界に先んじて層流翼型を実用機に採用し、その工作法もモノにしたことも、高性能化にあずかって効果があった。

しかも初期のP-51は、なお名機たる素質がなかなか認識してもらえず、不遇のうちにしばらく月日を過ごさねばならなかった。供給のはじまったイギリス空軍では、調和のとれた円満な機能は好評だったが、なにぶんアリソン発動機の高空性能不足がわざわいしていた。イギリス空軍でも写真偵察に流用する程度だった。ちなみにマスタングという名称も同空軍がつけたもので、アメリカ陸軍が後に踏襲したのである。

不遇のP-51に転機を招致したのは、やはりイギリス空軍だった。同空軍が自らの手でアリソン発動機をロールスロイス・マーリンに換装したのである。これは常用高度を高めるのがねらいだったが、換装の結果は意外なまでにすばらしい性能向上を示した。

ただちにノースアメリカン社でもパッカード製の国産マーリンつきP-51の量産に踏みきった。燃料容量の増大による行動半径の向上など、たぐいまれな後のP-51の資質は、ほとんどこの改造のとき身についたものなのである。これに水滴型風防の採用など、手を加えればくわえるほど一般性能はますます向上し、まさにとどまるところを知らずというありさまになった。

ここにおいて陸軍もようやく本機のずば抜けた優秀性にめざめないわけにゆかなくなり、一九四三年五月から、P-51B、C、D型がP-47と平行して重点機種として大量産されたのである。

このようにP-51はその誕生と成育の過程が劇的であったが、一九四三年秋になるとヨーロッパの空の戦況では、長距離進攻戦略作戦が、連合国空軍の最重要任務となり、そうなるとその直衛能力をもつのはP-51だけで、本機の大行動半径は決定的に重要な意義を有することになったのだった。

明けて四四年には在英陸軍航空隊の主力戦闘機として期待を一身にあつめ、四五年になると大航続力を要する太平洋戦線でも、戦闘機中の花形の座についたのである。大戦末期に総合性能において本機をしのぐ戦闘機はなく、枢軸国の戦闘機で本機に対抗し得るものもなかった。最終的に、P-51の生産数は一万四〇〇〇機余に達した。

ノースロップP-61ブラックウイドウ

一九四〇年夏、イギリス本土でのバトル・

オブ・ブリテン当時、夜間迎撃戦と夜間戦闘機について、もっとも真剣にかつ正しい思考法をもってその実現方を追求していたのはイギリス空軍であったが、この用兵思想はアメリカ陸軍航空隊も模倣するところとなり、翌四一年にノースロップ社に対して、他機種からの転用でない最初から夜戦としての専用機の試作が発注されたのだった。

しかも、原型機の完成も待たず、翌四二年早々に五〇〇機をこえる量産が発注されていることは、第二次大戦下の航空戦の実態の推移を物語っていよう。P-61試作機の初飛行は四二年五月であったが、はじめての機種のこととて開発は手間どり、実用化は翌年夏のことになった。

日本海軍の斜め銃夜戦（月光）、ドイツの本格夜戦ハインケルHe219など、みな出現が同時期になったのは興味深い。ただP-61は計画当初からレーダーの装備が考慮されていた点は、進歩的だったといえる。

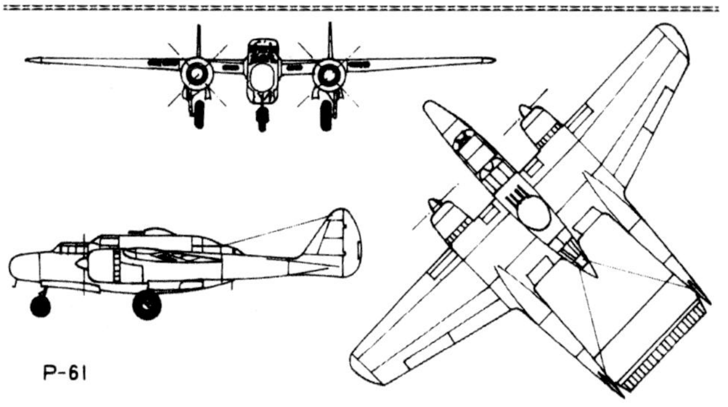
P-61

P-61は爆撃機に匹敵する双発大型機で、前期型は段ちがいの風防後端に十二・七ミリ機銃四挺の銃塔を有していたし、計画時に長距離進攻戦の機能も併有することを要求されていた。この点日本海軍の月光とも似ており、洋の東西を問わず、人間はみな同じことを考えるものである。

しかし、本機の計画当時のアメリカ航空機メーカーは、他社とは断然ちがった特色を機体に出そうとし、いささかオーバーなほど奇をてらった技法を競っていた時代だった。本機などその最たるもので、双発を双胴式にし、さらに中央に乗員キャビンをナセル式に付加した三胴式とした。またフラップを極度に優遇し、補助翼面積を極小に圧縮して、横の操縦は当時実用機にはほとんど用いられていなかったスポイラーを主用することにした。

このような斬新さ（というよりも異形ぶり）のみを狙ったようなレイアウトは、夜間戦闘機の本質とはもちろん何のかかわりもなく、いたずらに奇妙な形の機体を生んだばかりでなく、また本機の実用上の欠陥となった点が少なくない。

一時、本機は搭乗員たちから「殺人機」の異名をつけられるほど嫌われたが、慣れぬ夜間ミッションとスポイラー操縦がその理由だったと思われる。四連装の後部銃塔も振動問題のため、一部量産機では外された。

P-61は一九四四年夏ごろから南太平洋戦線で実戦に参加するようになった。最初から夜戦としてつくられた専用機という点では、本機は世界でも早い部類に属する。また進歩した機上レーダー技術に助けられて、それ相応に真価は実証された。

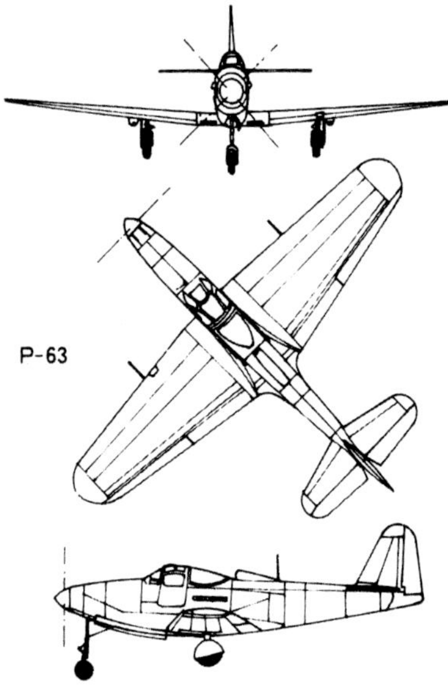
P-63

これは一つには相手にした日本軍の夜間爆撃機が、あまりにも低性能で非力だったことにもよるであろう。

大戦末期にはそれでも性能不足が認められるようになり、排気タービン過給機つきの型があらわれて時速七〇〇キロ近い高性能ぶりを示したが、実戦にはほとんど出ていない。この機種として当然ながら、他の昼間用戦闘機に比べれば生産機数も桁ちがいに少ない。

ベルP-63キングコブラ

第二次大戦勃発後、アメリカで試飛行にまでこぎつけた試作プロペラ戦闘機は九種類もあるが、量産されたのはこのP-63ただ一種のみである。というと、このP-63がいかにも出色の機体だったかのように思われようが、実際には〝戦時特需〟の色あいが強かった。

このP-63は、根本的には前作のP-39をいくらか手なおししたものに過ぎず、主翼を層流翼型に変え、エンジンを若干パワーアップした程度で、こんな程度の模様がえなら、戦時下でも誰にだって容易に実行できたわけである。

改良の効果も知れたもので、性能的にもわずかの向上が見られた程度にとどまり、高々度性能のない用途不明の戦闘機という点ではP-39と少しも変わらなかった。したがってこのP-63もまた、もっぱら外国向けの輸出戦闘機となり、約三、〇〇〇機のほとんど大部分はソ連に供与された。

ひとつには、この種の操縦席後方にエンジンを配する形式は、不時着のさいエンジンに押し潰されて助からないという考え方から、アメリカのパイロットに毛嫌いされたからである。

ダグラスP-70

機上レーダーの開発、装備、夜間戦闘の地上指揮管制援助システムなど、後年の夜間迎撃戦の常道を世界に先んじて実用に移したのは、四〇年夏の苛烈な英本土航空決戦を経験した後のイギリス空軍であった。同空軍はこれに中型爆撃機を改造して夜戦として用いはじめたが、その中に援英用機のダグラスDB7ハボックもふくまれていた。

アメリカ陸軍航空隊でもこれをまねて、専用機として開発中のP-61がモノになるまで

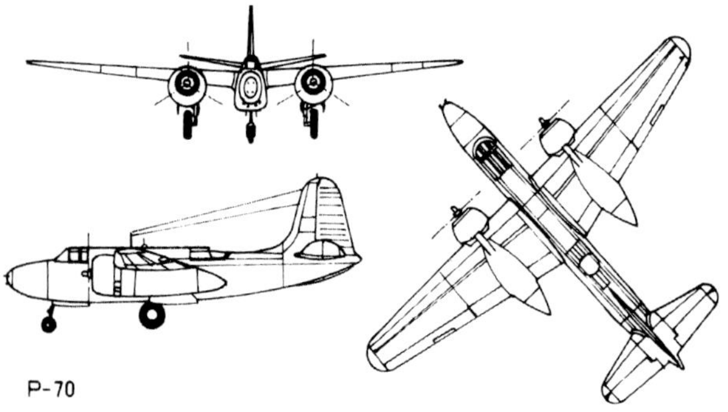
P-70

の、間に合わせとして、DB7のアメリカ陸軍名称A20双発攻撃機を夜戦に改造し、P-70と称して一九四二年から実用化した。
　レーダーと固定機銃の装備、エンジンの高々度用の若干のパワーアップなどが改造の主な点であるが、夜戦の訓練を行なっているうちに、このP-70は高空性能も上昇力も不足となってしまい、実戦に用いるには適しなくなって、もっぱら訓練機として用いた。一部は南太平洋にも進出したが、戦果をあげることなく、まもなくP-61と交替した。

ロッキードP-80シューティングスター

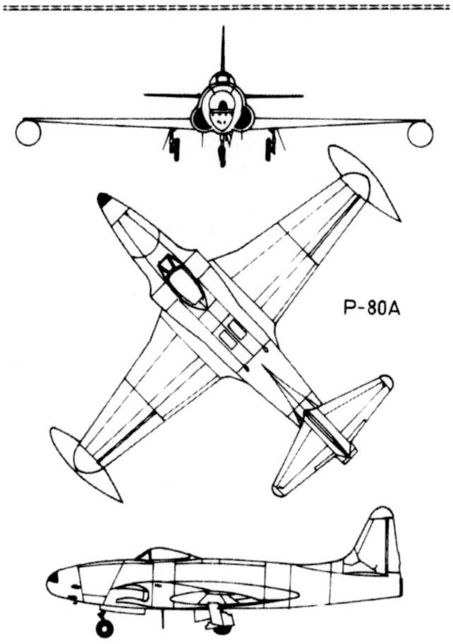

　ジェットエンジンによる航空機の動力革命では、ドイツとイギリスにたいそう遅れをとってしまったアメリカが、イギリスから教えをうけて、一九四一年秋から着手したアメリカ最初のジェット戦闘機ベルXP-59エアラコメットが、四二年十月から飛行試験に入ったものの、エンジンも機体も未熟でプロペラ戦闘機にも劣る低性能では、とうていモノになりそうもないことがはっきりしてきた一九四三年六月、新規まきなおしで、次のジェット戦闘機の試作を陸軍はロッキード社に命じた。
　戦前に商用機部門でダグラス社の後塵を拝するだけだったロッキード社も、戦闘機P-38や一連のハドソン爆撃機の量産、援英機の受注などで規模も実力も増し、戦時中に一流会社にのしあがってきていたが、その新進気鋭の意気込みをもってこの新しい技術にとりくんだ。
　翌四四年一月に初飛行にこぎつけたXP-80が、このアメリカ最初の実用ジェット機P-80の原型となったものである。
　原型はイギリス製のデ・ハビランドH1Bゴブリン・エンジンを装備したものだったが、全体として最初の製作とも思えぬくらいスマートな実用性に富んだ機体で、先進国の先輩ジェット機をもしのぐほどの高性能ぶりを発揮した。
　やがて、国産のGE製I-40（のちのJ33）エンジンも実用域に達し、それを装備するため各部にかなり改設計をくわえて完成したのが、機体、エンジンとも純国産のXP-80Aで、四四年六月からのテストは好調であり性能的にも満足すべきものがあったので、ただちに戦時下での大量産が決定された。
　ロ社で四、〇〇〇機、ノースアメリカン社で一、〇〇〇機の生産が予定され、量産実用機第一号は四五年二月に完成して実用試験に入った。
　しかし、同年七月に本格的量産機が出はじめるようになって間もなく大戦は終了しP-80は実戦に参加する機会がなかった。
　ノ社の生産契約はキャンセルされ、ロ社でのみアメリカ最初の制式ジェット機として戦後も生産が続行されたが、戦後では、むしろ本機を複座化したT33ジェット練習機として、西側諸国の空軍で使わない国はないほどまでに、全世界に普及して大量に生産された点の方が名高い。

ノースアメリカンP-82ツイン・マスタング

　大戦末期には硫黄島を基地とするP-51が、大戦初期の日本軍の零戦隊も顔負けするような、戦闘機の遠距離進攻作戦を日本本土に対して実施するようになったが、単座機の遠距離進出は容易なものではなく、硫黄島のP-51部隊も、戦闘によるよりも往復の途次に失われる損害の方がはるかに多大であった。
　こうした事態にそなえて単座戦闘機の航法能力を高めるため、P-51F/H型を二機つないで、右側機のパイロットに航法士を兼ねさせることにして、一九四四年の初頭から開発にかかったのがこのP-82である。この種双子機では、爆撃機をつなぎ合わせたドイツのハインケルHe111Zの前例があった。
　P-82の試作機は四五年四月に完成し、この機で左右プロペラが逆転だったものを、同回転に改めたものが実用機として量産に入った。
　しかし、二十機完成したところで終戦となって、実戦には用いられなかった。戦後も生産がつづけられ、二五〇機ばかりが完成して、朝鮮戦争ではレーダー装備の夜戦型が実戦参加した。

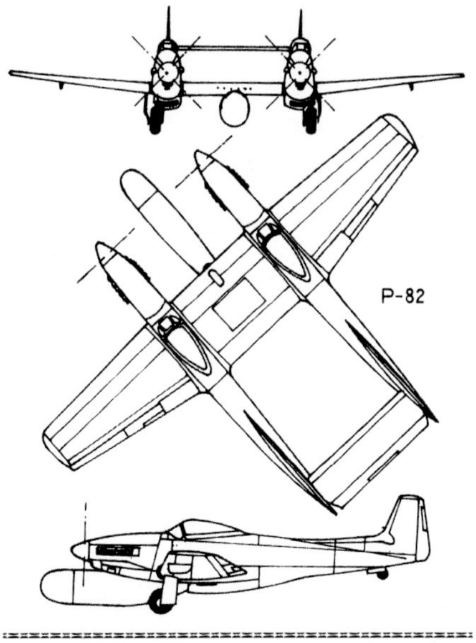

☆海軍機☆

ブリュースターF2Aバッファロー

　太平洋戦争初期に、南方戦線で日本の零戦や一式戦に一方的に破れ、日本での評価は低いが、これはこれで、アメリカ海軍最初の「単葉」艦上戦闘機なのである。
　一九三七年十二月に原型が初飛行し、空母への配備は三九年八月だから、世界最初に艦戦の単葉化を実行した日本海軍の九六艦戦におくれること三年余で、思えばアメリカ海軍もずいぶん遠まわりしたことになる。
　次期艦戦計画に際して、老舗のグラマンがいぜん複葉機の案を出したりしたものだから、海軍機部門に進出の野望をもっていた駆け出しのブ社の本機が、つけ入って制式採用となったものなのである。
　一、〇〇〇馬力級エンジン、五〇〇キロ/時余の速力、武装など、数字上では決して悪くはなかったのだが、大直径エンジンにあわせた太い胴体に防弾装備で三トンをこえる重量では、鈍重と非難されるのは当然のことで、運動性や操縦性に劣り、なによりも上昇性能の格段に悪かったことが致命的で、しょせん日本の零戦や一式戦の敵ではなかった。
　しかし、ソ連の侵略をうけたフィンランドを援助するため、フィンランド空軍に一九四〇年から引き渡されたバッファローは、意外なくらいに強力で、イ15、イ16をはじめ、のちのソ連新型戦闘機を相手にまわしても絶対的優位を占め、さんざんなめにあわせる大活躍をしているのである。
　北欧での本機の実績

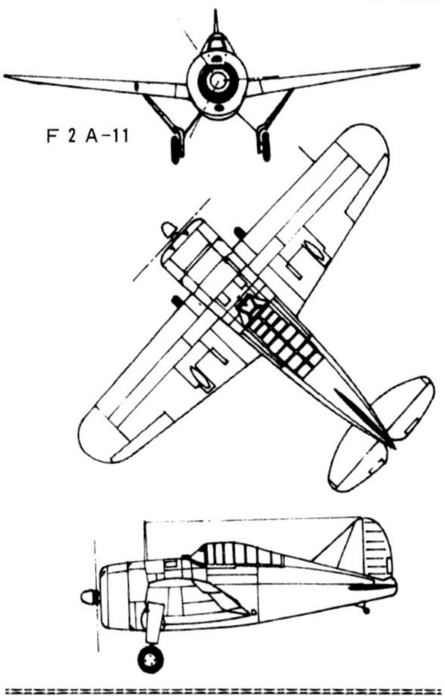

F2A-11

はまったく別人の感があるが、太平洋戦線では相手が悪すぎたというべきだろう。

グラマンF4Fワイルドキャット

当初、グラマン社は伝統にのっとって、このF4F次期艦戦を複葉機として計画したが、駆け出しのブリュースター社のバッファローが採用されて先を越されたため、社の面目にかけて全面的に設計をやりなおし、単葉機に変えて一九三九年九月に原型を初飛行させた。

だが、テスト成果は思わしくなくて開発は難航し、空中火災、墜落、母艦着艦試験の失敗などさんざんのていたらくで、ついにこの初期型単葉機も放棄され、ふたたび全面的に設計がえをやって、ようやくXF4F-3として一九三九年二月に完成、翌四〇年に制式採用にまでこぎつけたのが、このワイルドキャットの本格的シリーズの原型となったものなのである。

アメリカ海軍にまともな単葉艦戦が出現したのは前述のバッファローよりもむしろこのF4F-3が最初のものといってよいのであるが、このときすでに日本海軍では、二代目単葉艦戦の零戦が中国大陸で大活躍を開始しており、いずれにせよアメリカ海軍は、日本海軍に艦戦近代化では、確実に四年以上の遅れを喫したことになる。

けっきょくこの初期F4Fはイギリスから間にあわせ機種として買いつけてもらったり、フランス海軍から受注のものを、フランスの降伏でまたイギリスに転売したりして、マートレットの名で外国でさきに実用してもらうことで、どうにかものになってF4Fの命脈を保ったのである。

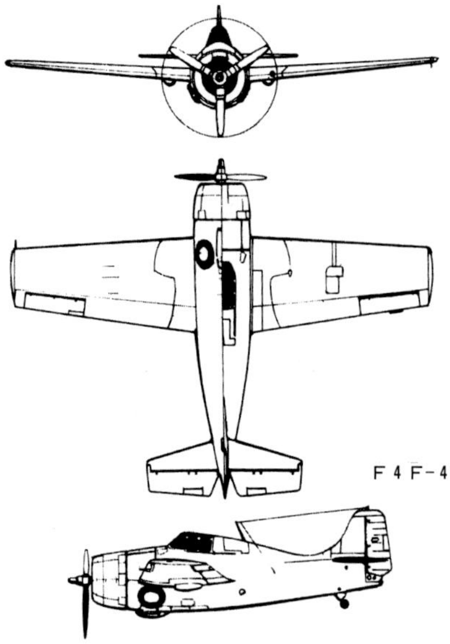

F4F-4

エンジンを問題の多いライト社製からP&W社製にかえ、主翼を折りたたみ式とし、機銃六挺に武装強化したワイルドキャットの代表型F4F-4が、ようやくアメリカ海軍航空部隊に装備されるようになったのは、日本海軍の真珠湾攻撃の直前、太平洋戦争の始まるほんの少し前のことであった。

そしてアメリカ海軍の命運を一身に担って、零戦の猛威に直面させられることになったのである。このときまでワイルドキャットは、世界の戦闘機中ではいたって目立たない存在でしかなかった。

しかし太平洋戦争前半期において、日本海軍機にみるべき抵抗を示したのは、連合軍の全戦闘機を通じてただひとつ、この地味なF4Fのみであった。

これは連合軍をつうじて唯一種の艦戦ということだけではない。速度、上昇性能、運動性などでF4Fは零戦に劣り、ことに行動半径は零戦の半分以下でしかなかったけれども、それらを補う巧みな戦術と、早期警戒レーダーなどの地上支援設備の効果的な運用で、ガナルカナル攻防戦以降は、零戦に対し、互角以上の実績を残した。

さらに、F4Fにとっての強味は、武装の面で優位に立っていたことである。零戦の二十ミリ機銃二挺に比べ、本機の一二・七ミリ機銃六挺は一発あたりの威力は小さいが、初速、発射速度、携行弾量にまさり、総合火力においてはむしろ優れていた。

なお、グラマン社で生産したF4Fは、約一、二〇〇機にすぎず、むしろFMの名称で戦争後半にジェネラル・モータース社で生産したライセンス生産型の方が、約六、〇〇〇機と圧倒的におおい。だが、FMの方は戦争初期のグラマン製F4Fのような活躍は、もちろんしていない。

グラマンF6Fヘルキャット

第二次大戦の太平洋戦線で、戦争後半を主力戦闘機として戦いぬき、連合軍に太平洋における勝利をもたらした戦闘機といえば、それは本機をおいて他にない。

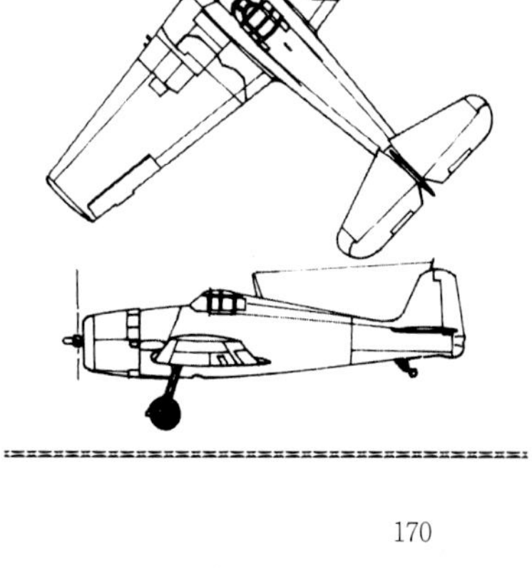

F6F

全連合国の陸海空軍をつうじて、他の戦闘機のあげた業績などは、太平洋におけるかぎり、本機の奮戦したことに比べれば、微々たるものでしかない。

F4Fの後継機としてのF6Fが試作発注されたのは一九四一年六月であるが、原型機の製作中に、アメリカは開戦をむかえてしまった。そしていざ蓋をあけてみると、日本海軍航空の猛威には歯がたたず、とくに戦闘機では零戦の性能はアメリカ海軍現用艦戦F2A、F4Fを凌いでおり、深刻な憂慮をもたらした。

ここにおいて、日本ではまだ実用化していない二、〇〇〇馬力級の大出力大型エンジンを唯一のよりどころとし、ともかくこの大馬力で強引にひっぱることで、零戦に性能的に勝るか、せめて対抗しようとして、F6Fの完成を急がせたのである。

したがって設計にも手間をかけて洗練をかさねているような時間的余裕もなく、ただ戦時下での急速実用化と多量生産を主眼において開発され、十分な実用試験による評価もまたずに大量産に移されたのだった。

たしかに、F6Fの機体設計は凡庸で、これといって際立った部分はない。しかし、だからといって本機を、短絡的に〝凡作機〟と片付けてしまっては、戦争という非常時下の兵器はいかにあるべきか、正しく認識できないということになる。
　Ｆ６Ｆは、もともとＦ４Ｕが失敗したときに備えて開発された、いわば〝保険機〟である。その保険機の立場をわきまえず、いたずらに斬新な設計に走り、失敗しては、元も子もなくなる。
　グラマン社の設計陣は、この辺りをよく心得えていて、奇をてらわず、常識的に、間違いのない設計をしたのだ。
　結局、Ｆ４Ｕが、高性能ではあるが、空母上での運用が無理とわかり、急遽、Ｆ６Ｆの存在がクローズ・アップされ、Ｆ４Ｆの後継機として、１９４３年秋から実戦投入できたのは、急速大量生産を可能ならしめた、〝偉大なる平凡〟な機体設計の賜であろう。
　このような開発の経緯からして、Ｆ６Ｆの飛行性能は、二千馬力級艦戦にしては物足らない。しかし、それでも零戦に倍するエンジン・パワーの恩恵で、低空における運動性、上昇力以外はほとんど勝り、十二・七ミリ機銃６挺の重火力、被弾しても墜ちにくい堅固な防弾装備、扱いやすさ、そして何よりも圧倒的な量で、零戦をはじめとした、日本海軍機を叩きのめしたのである。これこそ、戦時下兵器の真髄ではなかろうか。
　軍用機は、航空ショーの見せ物ではない。いかに性能に優れていても、実戦の場に素早く、かつ大量に投入できなければ、それは単なる画餅に過ぎぬ。必要とされる場面に必要な量を、そして敵方を凌駕できる性能があれば、それで充分である。この辺りを、単に自分の偏見、身びいきで論じては、真の評価は下せない。
　わずか二年の間に、一万二千機を超えるＦ６Ｆを生産したグラマン社の量産能力は、当時の日本の航空機メーカーが逆立ちしても真似のできない芸当であり、〝もし『烈風』（零戦の後継機）が戦争に間に合っていたら……〟などという幻想は、跡方もなく吹き飛んでしまう。

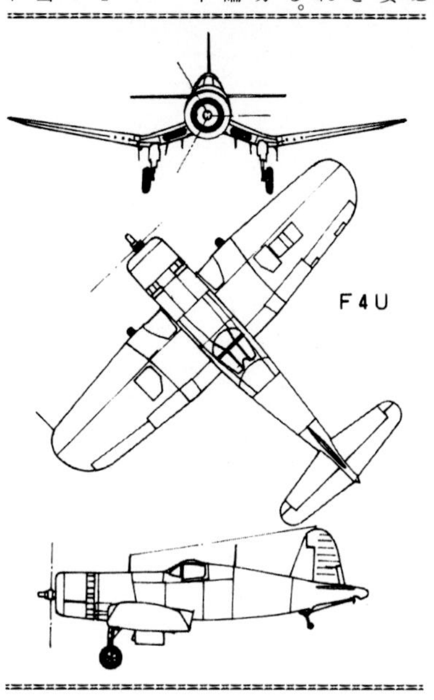

F4U

ヴォートＦ４Ｕコルセア

　本機はその誕生と開発の過程で、時代をおなじくする同機種のグラマンＦ６Ｆとまさに対照的である。
　すなわちＦ６Ｆが、奇をてらわず、常識的で平凡な設計としたのに対し、Ｆ４Ｕの方は、当時の最新技術をとり入れてじっくりと設計された機体で、大戦発生前にすでに原型は初飛行し、太平洋戦争開始時には実用化が進行中だったのである。
　もっともこのＦ４Ｕの方は斬新をねらって採り入れすぎた新技法がわざわいして、艦上機には適さないとして大戦期間のほとんどを陸上を基地とする機種としてすごし、母艦に配備されたのは大戦末期のころとなってしまった。
　反面、Ｆ６Ｆが大戦終了後すぐ退役させられてしまったのに対して、Ｆ４Ｕの方は空力的にすぐれた基本着想のおかげで大戦後も生きのび、主翼の全金属製化、その他の改良進歩によってながく命脈を保ち、のちの朝鮮戦争にまで活躍することになったのである。
　Ｆ２ＡとＦ４Ｆをもって艦戦の単葉化にアメリカ海軍は踏み切ったものの、二種とも陸上戦闘機と比較しては性能的に各段に見劣りするので、なんとか戦闘機としても性能的に一流のものをと願って、一九三八年ヴォート社に開発を命じたのがこのＦ４Ｕである。
　ヴォート社では野心的な設計とし、当時まだ実用化のメドのついていなかったＰ＆Ｗ社の十八気筒二、〇〇〇馬力級エンジン、それに配する四メートルという未曽有の大直径プロペラ、さらにそれにともなう主脚の長さの問題から特長のある逆ガル翼、重量軽減のため単桁式主翼とし、そのトーションボックス以外は羽布張り構造とするなど、他にも空力的洗練を重んじて思いきった技法を採った。
　このため一九四〇年夏に初飛行したＦ４Ｕ原型は性能的には優秀で、アメリカ製戦闘機としては最初に時速四〇〇マイルを突破し、「アメリカ最速の戦闘機」といとも派手に宣伝したものだった。だが、皮肉なことに逆ガル翼の失速性の悪さ、大直径ペラのトルクによる操縦のしにくさや、前下方視界不良などで、肝心の空母用艦戦としては発着艦がやりにくくて危険だとされ、艦上機には不適ということで、陸上基地用、つまり海兵隊専用機とされてしまったのである。いろいろ改良してみたが、いぜん母艦用には不適だった。
　本機の海兵隊機としての初陣は一九四三年の日本軍のガダルカル島撤退直後のことであるが、当初は零戦には苦戦したものの、やがて優速と高々度性能、集団戦法などがものをいいはじめ、圧倒的機数によって日本軍機を押し返すようになった。大きな爆弾搭載量も海兵隊機としては有利となった。
　Ｆ４Ｕを本来の母艦機に育ててくれたのはイギリス海軍で、供与機のＦ４Ｕの翼端を切り落としたりして、これも米空母より非能率的で使いにくいイギリス空母に配し、無理をして使いこなした。もっとも空母機動部隊としての戦意も、用法も、実績もほとんど見るべきもののなかった同海軍だから、これでも大して問題はなかった。
　だが、これにアメリカ海軍も刺激され、かつ苦心の改良もようやく実ってどうにか母艦で使えるようになり、一九四五年に入ってからＦ４Ｕは米機動部隊に配備されるようになった。
　ところが、そうなると優秀な性能がものをいい、しだいにＦ４ＵはＦ６Ｆよりも重視されるようになって、ついに大戦末期にはＦ６Ｆにとって代わってアメリカ海軍でも主力艦戦の座につくことになったのである。戦後もながく第一線機としての生命を保った。

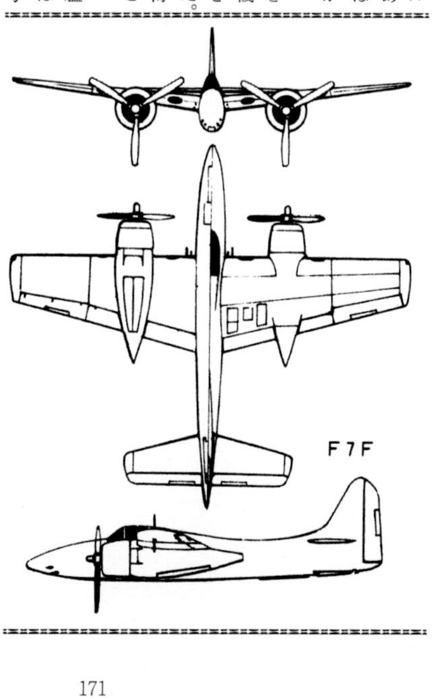

F7F

グラマンＦ７Ｆタイガーキャット

　零戦を正当に評価したわけではなかったが、艦戦としても陸上戦闘機に匹敵する高性能機を持ちたいとアメリカ海軍は考え、一九四〇年に完成したのが世界最初の双発艦戦グラマンＦ５Ｆである。
　これはアメリカ陸軍のロッキードＰ-38とおなじ考えで、高性能化を大馬力の双発単座の型式にもとめたわけだが、艦上機としてこんなものが成功するはずはなく、もののみごとに失敗作に終わった。
　だが、これに懲りずアメリカ海軍は、F5Fの開発もまだ緒についたばかりのころなのに、つぎも同じ型式のF7Fを、もう一度グラマンに着手させたのであった。
　F7Fは一九四三年に完成したが、F5Fとは見違えるほどに洗練された機体だった。しかし、このような大型双発機は母艦機には不向きで、海兵隊用の陸上機に振り向けられ、のちには着艦フックなどの母艦機用装備もいっさい撤去された。
　いちおう量産もされ、またのちには複座化とレーダー装備によって、夜戦化し、朝鮮戦争では夜間の地上攻撃などに使われた。
　しかし、太平洋戦争の終結により、大量生産発注のほとんどがキャンセルされ、生産は各型合計で三五〇機あまりにとどまった。

グラマンF8Fベアキャット

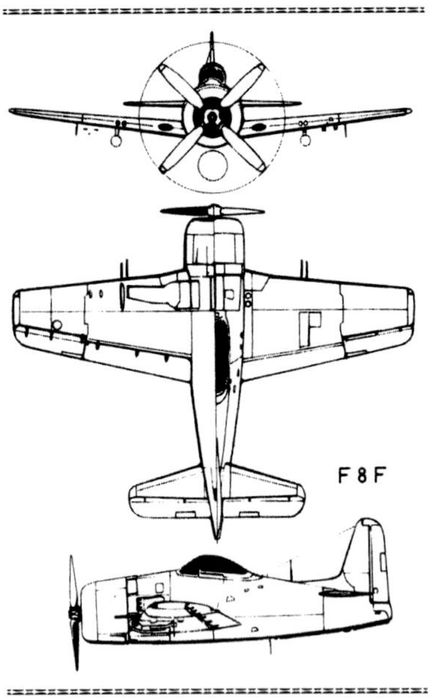

　アメリカ海軍とグラマン社が、零戦の軽快な運動性を真摯に受け止め、捕獲した同機を徹底的にテストしたうえで、じっくり構想をねり、入念に設計して完成したのがこのF8Fである。
　間にあわせのF6Fとはくらべものにならぬ空力的洗練がくわえられ、軽量化に徹した引きしまった姿態で、F6Fより一・五トンも軽くし、エンジンは同じだが、性能的には格段のひらきのある優秀機になったのも当然である。
　ただ開発着手が四三年で、四四年中に実用域に達し、ただちに量産が発令されたが、部隊配備がはじまったのは四五年五月のことになってしまい、ついに実戦には間にあわなかった。もし、戦争がもっと長びいていたら、零戦の思想が根強くのこっていた日本の次期戦闘機の各種は、おそらく本機の敵ではなかったろう。
　大戦に間にあわなかったF8Fは、戦後の米海軍主力艦戦となったが、まもなくジェット化による革新の時代となってしまい、朝鮮戦争には参加しないまま引退した。
　むしろ戦後に、民間の好事家によってスピードレーサーに用いられて、この面での活躍がはなばなしかった。

〈解説・内藤一郎／野原茂〉

アメリカ陸海軍戦闘機　要目一覧

☆海軍機☆

名称	主翼型式	乗員	発動機 数	発動機 名称	発動機 型式	発動機 離昇出力(HP)	寸法 全幅(m)	寸法 全長(m)	寸法 翼面積(m²)	重量 自載(kg)	重量 総重量(kg)	性能 最大速度(km/h/H)	性能 上昇時間(m/分秒)	実用上昇限度(m)	航続距離(km)	武装 機銃(mm×数)	武装 爆弾(kg×数)	備考
F 2 A-3	中単	1	1	R-1820-40	空　星　9	1200	10.7	7.8	19.4	2129	3222	516/5029	698/1′	10119	1533	12.7×4	45×2	
F 4 F-4	〃	1	1	R-1830-86	〃	〃	11.6	8.8	24.2	2675	3615	515/5700	663/1′	10360	1680	12.7×6	〃	
FM-2	〃	1	1	R-1820-56	〃	1350	〃	〃	〃	2451	3369	534/8778	1113/1′	10577	2108*	〃	112×2	
F 6 F-3	〃	1	1	R-2800-10W	空 複 星18	2100	13.0	10.2	31.0	4069	5121	605/6986	1413/1′	15506	2558	〃		
F 7 F-1	〃	1	2	R-2800-22W	〃	〃	15.7	13.8	42.3	7222	9706	688/5850	1330/1′	11000	2380*	12.7×4、20×4	900	
F 8 F-1	〃	1	1	R-2800-34W	〃	〃	10.8	8.7	22.7	3182	5826	677/6000	1393/1′	11796	1778	12.7×4	900	
F 4 U-1	〃	1	1	R-2800-8	〃	2000	12.4	9.8	29.4	4042	6300	671/6066	881/1′	11247	2513*	12.7×6		逆ガル翼
F 4 U-4	〃	1	1	R-2800-18W	〃	2100	〃	〃	〃	4142	6602	718/7986	1180/1′	12649	2510*	〃	450×2	〃

☆陸軍機☆

名称	主翼型式	乗員	発動機 数	発動機 名称	発動機 型式	発動機 離昇出力(HP)	寸法 全幅(m)	寸法 全長(m)	寸法 翼面積(m²)	重量 自載(kg)	重量 総重量(kg)	性能 最大速度(km/h/H)	性能 上昇時間(m/分秒)	実用上昇限度(m)	航続距離(km)	武装 機銃(mm×数)	武装 爆弾(kg×数)	備考
P-35A	低単	1	1	R-1830-45	空複星14	1050	10.7	8.1	20.4	2075	2775	468/3600	595/1′	9570	1530*	7.7×1、12.7×1～3	160	
P-36A	〃	1	1	R-1830-13	〃	〃	11.4	8.7	21.9	2055	2705	482.7/3048	1036/1′	10058	1327	7.2×2		
P-38G	中単	1	2	V-1710-51/55	液　V　12	1325	15.9	11.6	30.4	5490	7560	644/7625	6100/8′30″	11887	3860*	20×1、12.7×4	450×2	双胴式
P-38L	〃	1	2	V-1710-111/113	〃	1475	〃	〃	〃	5800	7940	667/7625	6100//7′	13400	4185*	〃　〃	1450*	〃 J 型も同性能
P-39D	低単	1	1	V-1710-35	〃	1150	10.4	9.2	19.8	2458	3443	592/4572	6100/9′06″	9784	1770*	37×1、12.7×4	225*	
P-39Q	〃	1	1	V-1710-85	〃	1200	〃	〃	〃	2560	3500	620/3350	6100/8′30″	10700	2000*	〃　〃	225*	
P-40B	〃	1	1	V-1710-33	〃	1150	11.4	9.66	21.9	2516	3420	523/4572	4572/5′06″	9875	1521*	12.7×6		
P-40N	〃	1	1	V-1710-81	〃	1310	〃	10.1	〃	2810	3780	565/5000	4572／6′42″	11582	1737*	〃		
P-43A-1	〃	1	1	R-1830-57	空複星14	1200	11.00	8.7	20.7	2720	3380	574/6100	4570/6′	10900	2340*	12.7×4	90	
P-47B	〃	1	1	R-2800-21	空複星18	2000	12.4	10.67	27.9	4206	5510	690/8473	4570//6′42″	12800	884	12.7×8		
P47D-35	〃	1	1	R-2800-59	〃	2300	〃	11.00	〃	4500	6300	685/9144	6100/8′30″	〃	949	12.7×6～8	900*	D-22は最大速度697km/h
P-51B-1	〃	1	1	V-1650-3	液　V　12	1380	11.3	9.85	21.6	3078	4140	708/9144	6100/7′	〃	3538*	12.7×4	450×2*	
P-51D-25	〃	1	1	V-1650-7	〃	1490	〃	〃	〃	3206	4545	703/7620	6100/7′18″	12770	3345*	12.7×6	〃	
P61A-5	中単	2	2	R-2800-65	空複星18	2250	20.1	15.1	61.6	9434	12420	590/6100	4572/7′36″	10058	3640*	20×4（12.7×4）	1440*	双胴夜戦。B型は3座
P-63C-5	低単	1	1	V-1710-117	液　V　12	1325	11.7	10.00	23.00	3060	3960	659/7620	7620/8′36″	11765	515*	37×1、12.7×4	450×3	
P-82B	〃	2	2	V-1650-9/21	〃	1380	15.62	11.91	37.9	6080	11160	776/					1800	双胴式

☆試作ジェット機☆

名称	主翼型式	乗員	発動機 数	発動機 名称	発動機 型式	発動機 離昇出力(HP)	寸法 全幅(m)	寸法 全長(m)	寸法 翼面積(m²)	重量 自載(kg)	重量 総重量(kg)	性能 最大速度(km/h/H)	性能 上昇時間(m/分秒)	実用上昇限度(m)	航続距離(km)	武装 機銃(mm×数)	武装 爆弾(kg×数)	備考
P-59A	中単	1	2	J-31	ジェット	△910	13.87	11.73	35.8	3600	4910	655/9140	3050/3′12″	14100	600	37×1、12.7×3	900	
XP-79B	〃	1	2	W-19B	〃	△520	11.58	4.26	25.8	2650	3930	846/0	7600/4′18″		1590	12.7×4		無尾翼式
P-80A	低単	1	1	J 33A-11	〃	△1800	12.17	10.51	22.1	3564	6525	897/0	1396/1′	13718	869	12.7×6	752×2	
XP-81	〃	1	1	XT31-1＋J 33-5	ターボプロップとジェット	2300 △1700	15.39	13.66	39.5	5785	8845	816/9100	9100/7′	10800	4000	〃		
P-83	中単	1	2	J 33-5	ジェット	△1810	16.15	〃	40.0	6400	10930	840/4780	9100/1′30″	13700	3300*	〃	1800	

注：①航続距離、武装の欄の *印は最大を示す。試作ジェット機の発動機の△印は推力（kg）を示す。

写真集アメリカの戦闘機〈目次〉

写真解説／野原茂

＊協力された方々
渡辺茂夫、鈴木誠二、荒蒔義次、D・マッキャンベル、峰岸俊明、秋本実、U. S. Army、U. S. Air Force Official、NASM、Bell、Republic、Curtiss、Lockheed、North American、Northrop、Douglas、Imperial War Museum、U. S. Navy Official、National Archives、Grumman
………〈順不同・敬称略〉

写真集アメリカの戦闘機

2001年９月20日　印刷
2001年９月26日　発行

編　者　野原　茂
発行者　高城直一
発行所　株式会社　光人社
〒102-0073　東京都千代田区九段北1-9-11
電話03(3265)1864㈹　振替00170-6-54693
装　幀　天野　誠
印　刷　図書印刷株式会社
製本所　図書印刷株式会社

定価はカバーに表示してあります。

ISBN4-7698-1021-0 C0072　